21世纪高等学校计算机规划教材

C语言程序设计实验指导教程

The Practice of C Programming Language

陈家俊 卢清平 杨洋 主编

U0276616

人民邮电出版社

北 京

图书在版编目（CIP）数据

C语言程序设计实验指导教程 / 陈家俊，卢清平，杨洋主编. -- 北京：人民邮电出版社，2017.8
21世纪高等学校计算机规划教材
ISBN 978-7-115-45697-7

Ⅰ．①C… Ⅱ．①陈… ②卢… ③杨… Ⅲ．①C语言－程序设计－高等学校－教学参考资料 Ⅳ．①TP312.8

中国版本图书馆CIP数据核字(2017)第169415号

内 容 提 要

本书是《C语言程序设计教程》的配套实验指导教材。全书分为 3 部分，第 1 部分为课程实验总体要求，第 2 部分为实验指导，第 3 部分为《C语言程序设计教程》习题及参考答案。

课程实验指导部分安排了 14 个实验。为了满足不同层次学生学习的需要，每个实验列出了实验目的、实验指导、基础实验和提高实验，教师可在学生实验之前先通过实验指导帮助学生理解和把握本次实验的知识要点，然后根据学生知识层次选择基础实验或提高实验内容。通过实验，学生可较快地掌握 C 语言的基础知识、分支结构程序设计、循环结构程序设计、数组应用程序设计、函数调用程序设计、指针应用程序设计、结构体和文件应用程序设计的方法。

本书可作为大学本科和高等专科院校 C 语言程序设计的实验指导教材，也可作为计算机程序设计初学者的自学参考书。

◆ 主　编　陈家俊　卢清平　杨　洋
　　责任编辑　吴　婷
　　责任印制　陈　犇

◆ 人民邮电出版社出版发行　　北京市丰台区成寿寺路 11 号
　　邮编　100164　电子邮件　315@ptpress.com.cn
　　网址　http://www.ptpress.com.cn
　　固安县铭成印刷有限公司印刷

◆ 开本：787×1092　1/16
　　印张：8.5　　　　　　　　2017 年 8 月第 1 版
　　字数：223 千字　　　　　　2024 年 8 月河北第 12 次印刷

定价：24.00 元

读者服务热线：(010)81055256　印装质量热线：(010)81055316
反盗版热线：(010)81055315
广告经营许可证：京东市监广登字20170147号

前　言

　　程序设计技术和程序设计语言是大学计算机基础系列课程中的重要组成部分，C 语言程序设计课程是一门重要的计算机基础必修课程。程序设计课程的主要任务是培养学生使用计算机的逻辑思维能力和基本的程序设计能力。通过 C 语言程序设计课程的学习，学生能为今后进一步学习计算机有关课程及用计算机解决实际应用问题打下一个良好的基础。

　　参加本次教材编写的老师，近年来一直在任担"C 语言程序设计"课程的教学工作。大家有一个共识："C 语言程序设计"课程的教学重点应是 C 语言基本知识及程序设计的基本原理、结构化程序设计方法，其内容主要包括程序设计基本概念、C 语言基本数据类型、运算符和表达式，格式化数据输入/输出，控制结构语句、结构化程序开发方法，函数及程序模块化开发，数组、字符串、指针及其应用，结构体应用基础，数据文件的应用基础。

　　考虑到各类高校大学生的计算机基础知识层次不同及高校各专业对 C 语言课程人才培养要求的不同，本书以程序设计为主线，以人才层次化培养为导向，以层次化的知识结构组织实验。实验内容包括基础实验或提高实验。题型设计由简到难，供不同知识层次学生选做。由于 C 语言程序设计课程教学课时有限，同时为了强化学生的逻辑思维及自主学习的能力，在教学过程中，教师特别要把学生在学习过程中经常碰到的难点问题讲解清楚，但应避免例题讲解中对比较复杂的数学问题花费较多的教学时间。

　　在上述共识的基础上，作者经过多次的商讨，反复修改制订了本《C 语言程序设计实验指导教程》的编写大纲，以更好地适应教学，本教程由皖西学院电子与信息工程学院陈家俊、卢清平、杨洋主编。其中，第 1 部分和第 2 部分由陈家俊、卢清平编写，第 3 部分由杨洋和马艳编写，皖西学院电子与信息工程学院部分老师参与了整理和校对工作。

编　者

2017 年 6 月

目　录

第 1 部分
C 语言程序设计课程实验总体要求

C 语言程序设计课程是一门实践性很强的课程，为了培养计算机应用能力，除了课堂理论教学外，读者必须加强程序设计课程实验环节的学习。

1.1　课程实验教学目的

通过 C 语言程序设计的课程实验教学，学生应具有使用计算机解决相关应用问题的能力，同时为今后学习其他计算机应用课程打下良好的程序设计基础。

1. 分析问题和解决问题能力的训练

课程实验教学将课本上的理论知识和实际应用有机地结合起来，达到训练学生分析问题和解决实际问题的能力，提高学生应用计算机知识开发应用系统的综合能力。

2. 逻辑思维能力的训练

通过课程实验教学，学生能正确地掌握 C 语言的基本知识，较好掌握基本的程序算法及描述方法。实验教学培养了学生在程序设计解题思路、算法的描述、编程构思等各方面的计算机逻辑思维能力。

3. 程序设计技能的训练

通过 C 语言环境下的应用实例，学生能训练编写程序的能力，掌握编程的思路和方法，掌握结构化程序设计的基本概念和基本技能。

通过课程实验教学，学生掌握 C 程序设计语言的语法规则、数据结构的应用，掌握算法描述及相应代码描述，掌握结构化程序设计的基本方法，能熟练编写一般的应用程序。

1.2　课程实验教学要求

1. 要求通过解题、程序设计和上机实践，加深对所学概念的理解，提倡理论与实践相结合的学习方法。

2. 要求学生认真进行解题分析，掌握算法描述方法，掌握编程基本技能。通过布置具有一定数量程序设计题目，帮助学生逐步熟悉编写程序的方法，并适当布置一些有难度的程序设计题目，提高程序设计能力。

3. 要求学生在课程实验中，努力培养发现程序错误、纠正程序错误的能力，独立完成每一次课程实验，提高编程的效率和成功率。

4. 要求学生在完成课程实验规定的任务外，利用课余的时间多编程，多上机实践。反对抄袭或复制他人的源程序。

5. 要求学生培养科学、严谨的学习作风，认真写好实验报告。学生在上机实践前，应事先编写好相应的源程序，准备好有关的调试数据，了解上机操作的步骤和过程，较好地完成每一次上机实验课。为了使学生能真正做到每一次课程实验有收获，做完一个实验后，要求学生必须写出完整的实验报告。C 语言课程实验报告内容应包括以下几项。

（1）实验名称、时间、地点。

（2）实验目的要求。

（3）实验内容包括本次课程实验的题目，算法描述，源程序清单，上机调试、运行的操作步骤。

（4）程序运行结果（将源程序保存到软盘上）、课程实验分析和实验小结、心得体会。

1.3 课程实验教学安排

C 语言程序设计课程实验，实验 1～实验 13 一般可以安排 32～50 机时，可以在课内实验之外安排综合性的实验，一般综合性实验 12～20 学时，进行程序编辑、调试和运行。C 语言课程实验教学安排如表 1-1 所示。

表 1-1　　　　　　　　　　　　　　课程实验安排表

周次	课程实验内容	实验次数
1	C 语言程序开发环境、程序调试运行的基本方法和步骤	实验 1
2	基本数据类型及其相关的数据运算 、运算优先级、结合性、求解表达式	实验 2
3	输入/输出函数 scanf()、getchar()、printf()和 putchar()的使用，编写顺序结构程序	实验 3
4	if 语句、switch 语句 、分支语句的嵌套，编写选择结构程序	实验 4
5	for 语句、while 语句、do～while 语句、break 和 continue 语句、多重循环	实验 5
6	函数的定义和调用、函数参数传递	实验 6
7	函数嵌套调用、函数递归调用	实验 7
8	变量的作用域和存储类型、编写函数调用程序	实验 8
9	数组的定义、数组的初始化方法、数组元素的引用、数组数据输入/输出	实验 9
10	字符数组与字符串、字符串处理函数、编写数组应用程序	实验 10
11	指针的定义和引用 、指针运算、指针与数组的综合应用程序设计	实验 11
12	指针与字符串处理的程序设计，指向函数的指针、指针函数	实验 11
13	多级指针、指针作为函数的参数、指针应用程序设计	实验 11
14	结构体与共用体类型、变量的定义、变量的使用	实验 12
15	结构体数组的程序设计、单链表的基本操作	实验 12
16	文件指针的定义、文件的打开和关闭、文件操作函数的使用	实验 13
17	程序设计综合训练	实验 14

第2部分
C语言程序设计实验指导

实验1 C语言程序开发环境

1.1 实验目的

1. 熟悉C语言程序开发环境。
2. 掌握C语言建立、保存、调试运行的基本方法和步骤。

1.2 实验指导

[范例] 下面程序实现在 Visual C++ 6.0 IDE 环境下输出：This is my first C program!。

```
/* syfl1-1.c */
# include "stdio.h"
void main( )
{
    printf("This is my first C program!");
}
```

实验步骤：

（1）启动 Visual C++ 6.0，单击"文件（F）"菜单中的"新建（N）..."子菜单项，系统将弹出"新建"对话框，如图 2-1 所示。

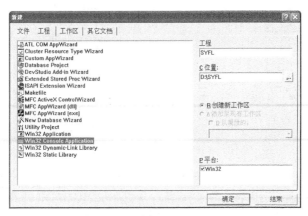

图 2-1

（2）选择新建对话框中的"工程"选项卡，再选中"Win32 Console Application"项，在"工程名（N）"文本框中输入欲建工程名，如 SYFL；然后在"位置（C）"文本框中输入欲保存该工程的路径（Visual C++ 6.0 IDE 自动将用户输入的工程名作为文件夹名），或是通过单击其右边的 ... 按钮，在弹出的"选择目录"对话框中选择保存源文件的路径。

（3）单击"确定"按钮，系统将弹出一个对话框让用户选择建立何种工程。选中"一个空工程（An empty project）"的单选项后并单击"完成"按钮，如图 2-2 所示。

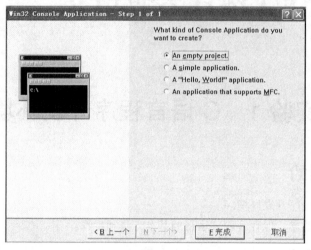

图 2-2

（4）向工程中添加源文件并编辑保存源文件。在下拉菜单——项目（Project）|加到项目（Add to project）中选择新（new）标签，再选择文件（File）标签，选择文件类型为 C++Source File，输入源文件名如 SYFL1_1.c，选择保存源文件的位置，按确定按钮后将生成一个新的空文件 SYFL1_1.c，并出现源文件编辑窗口，在编辑窗口中输入与修改程序代码，完成后可保存源文件，如图 2-3 和图 2-4 所示。

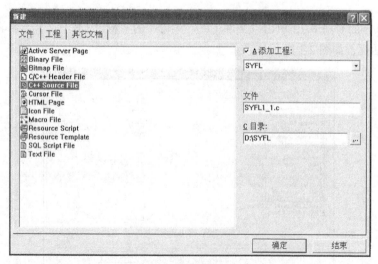

图 2-3

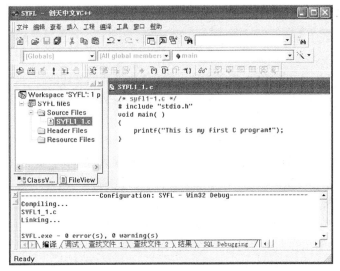

图 2-4

（5）运行项目程序。选择下拉菜单——编译（Build）|开始调试（Start Debug）|运行（Go），对应的快捷方式为 F5，将运行项目程序。

1.3　实验内容

【基础实验】

在 VC++环境下分别建立以下两个程序文件并调试运行，记录下调试过程和运行结果，由此熟悉 VC++环境的使用方法和实验基本步骤。

```c
/* 程序 e101.c */
#include"stdio.h"
main()
{
  printf("Hello!\n");
  printf("Hello,vc++!");
  printf("Hello,everyone!\n");
}
/* 程序 e102.c */
#include "stdio.h"
main()
{
    int a,b;
    a=8;
    b=2000;    printf("%d\n",a+b);
}
```

【提高实验】

1. 运行以下程序，查看运行结果。

```c
/* 程序 e103.c */
#include"stdio.h"
main()
{
    int a,b;
```

```
    printf("Input a,b:");
    scanf("%d%d",&a,&b);
    printf("a+b=%d\n",a+b);
}
```

2. 编写程序实现：从键盘输入 3 个整数，求这 3 个整数的平均值。

1.4　实验小结

1. 学生在输入编辑程序的过程中难免出现一些差错，可能影响到编译时不能通过。如果出现 ERROR 或者 WARNING，教师可以教学生阅读相关的错误提示语句，提高学生的纠错能力。

2. 教师可根据学生的层次水平，从【基础实验】和【提高实验】中有选择的要求学生写出实验报告，实验报告要求如下。

（1）记录 C 程序在上机调试运行时出现的各种问题及其解决方法。

（2）简明扼要地写出在调试运行一个 C 程序时的完整步骤。

（3）总结本次实验的经验与教训。

实验 2　基本数据类型与表达式

2.1　实验目的

1. 熟悉 C 语言基本语法结构。
2. 掌握 C 语言基本数据类型及其数据类型变量的定义和使用。
3. 掌握不同数据类型运算时，数据类型的转换。
4. 掌握赋值语句。

2.2　实验指导

［范例 1］　输入、编辑并运行以下程序。

```
main ( )
{
  char c1, c2;
  c1=97; c2=98;
  printf("%c,%c \n",c1 ,c2);
}
```

（1）在程序中加入以下 printf 语句：

```
printf("%d,%d\n",c1,c2);
```

（2）将程序第 3 行改为如下语句并运行。

```
int c1, c2;
```

（3）将程序第 4 行改为：

```
c1=300; c2=400;
```

运行程序，分别写出 3 次的运行结果。

［范例 2］　运行下列程序，观察其执行结果，并思考为什么？若把最后一个语句（++x, y++）

外的括号去掉，程序还要做何修改？

```
#include <stdio.h>
main( )
{
    int y=4,x=6,z=2;
    printf("%d %d %d\n",++y,--x,z++);
    printf("%d %d\n",(++x,y++),z+2);
}
```

2.3　实验内容

【基础实验】

1. 在 VC++集成环境下调试运行以下源文件，注意程序中实型数据和赋值语句的使用。

```
/* 程序 e201.c */
#define PI   3.14159                    /* 定义符号常量 PI  */
main()
{
  float r=16.7;                         /* 定义变量 r 并赋初值 */
  float l,s;                            /* 定义圆周长和圆面积的变量 */
  l=2*PI*r;                             /* 计算圆周长 */
  s=PI*r*r;                             /* 计算圆面积 */
  printf("L=%f  S=%f\n",l,s);           /* 输出圆周长、面积的计算结果 */
}
```

输出结果为：

_____

```
/* 程序 e202.c */
main()
{
    float r,s;                          /* 定义浮点型变量 r,s */
    r=2.769;                            /* 为 r 赋实数值 */
    s=3.1416*r*r;                       /* 计算实数表达式的值，然后赋值给 s */
    printf("s=%f\n",s);                 /* 输出浮点型变量 s 的值 */
}
```

输出结果为：

_____

2. 在 VC++集成环境下建立 e203.c、e204.c 源文件，调试运行并写出运行结果，注意程序中字符型数据使用以及字符型变量与整数的关系。

```
/* 程序 e203.c */
main()
{   char ch1='A';
    char ch2;
    ch2='a';
    printf("%c,%c\n",ch1,ch2);  }
```

输出结果为：

_____

```
/* 程序 e204.c */
main()
{ char ch;
  int i;
  ch='A';
  ch=ch+32;
  i=ch;
  printf("%d is %c\n",ch, i );
  printf("%c is %d\n",ch,ch);}
```

输出结果为：

                _____

3. 运行程序，分析并写出结果，注意运算符的使用。

```
/* 程序 e205.c */
main()
{
int a,b;
a=15,b=8;
printf("%d\n", a=a+1,b+a,b+3  );
}
```

输出结果为：

                _____

```
/* 程序 e206.c */
main()
{ int a=100;
printf("%d\n", ++a);
printf("%d\n", a++);
printf("%d\n", a);
}
```

输出结果为：

                _____

                _____

4. 分析并写出下列程序的运行结果。

```
/* 程序 e207.c */
#include <stdio.h>
main()
{
    int a,b;
    a=3;b=a++;printf("a=%d b=%d\n",a,b);
    a=3;b=++a;printf("a=%d b=%d\n",a,b);
    a=3;b=++a*++a; printf("a=%d b=%d\n",a,b);
    a=3;b=++a*a++; printf("a=%d b=%d\n",a,b);
    a=3;b=a++*++a; printf("a=%d b=%d\n",a,b);
    a=3;b=a++*a++; printf("a=%d b=%d\n",a,b);
        a=3;printf("++a=%d a++=%d\n",++a,a++);
}
```

输出结果为：


```c
/* 程序 e208.c */
#include <stdio.h>
main()
{
    int x,y,z;
    x=y=z=0;++x|| ++y|| ++z;
    printf("x=%d y=%d z=%d\n",x,y,z);
    x=y=z=0;++x&&++y|| ++z;
    printf("x=%d y=%d z=%d\n",x,y,z);
    x=y=z=0;++x&&++y&&++z;
    printf("x=%d y=%d z=%d\n",x,y,z);
    x=y=z=0;++x|| ++y&&++z;
    printf("x=%d y=%d z=%d\n",x,y,z);
}
```

输出结果为：


```c
/* 程序 e209.c */

#include <stdio.h>
main()
{
    int a=5,b=3,c,d;
    d=(c=a++,c++,b*=a*c,b/=a*c);
    printf("%d\n",d);
    printf("a=%d b=%d c=%d\n",a,b,c);
}
```

输出结果为：

【提高实验】

1. 编写程序，输入一个数字字符（'0'～'9'），并将其转换为相应的整数后显示出来。写出源程序，上机编辑、调试、运行程序。

2. 根据分析提示，试着完成下面的程序，并上机调试成功。

编程：编写一个程序从键盘输入圆柱体的半径 r 和高度 h，计算其底面积和体积。

分析：已知半径 r 和高度 h，依据圆面积的计算公式 $S=\pi \times r \times r$ 和圆柱体体积计算公式 $V=\pi \times r \times r \times h$，可计算其底面积 S 和体积 V。

不完整程序如下，应先在下画线位置填写正确的参数或表达式，再运行该程序。

```
/*e209.c */
#include<stdio.h>
main( )
{
    float pi=3.1415926;
    float r,h,S,V;
    printf("Please input r,h:");
    scanf("%f,____",&r,_____ );          /*键盘输入圆半径 r 和高度 h*/
    S=_____;                          /*计算圆面积 S 的值*/
    V=_____;                       /*计算圆柱体体积 V 的值*/
    printf("底面积=            \t 圆柱体积=            \n",S,V );
}
```

2.4 实验小结

1. 根据学生实验过程中遇到的问题，教师向学生总结本次实验的重点和难点，要求学生重点关注。

2. 教师可根据学生的层次水平，从【基础实验】和【提高实验】中有选择地要求学生写出实验报告，实验报告要求如下。

（1）记录源程序在上机调试时出现的各种问题及其解决办法。

（2）按要求编写程序，并要保证其正确性。

（3）总结本次实验的经验与教训。

实验 3 输入/输出操作

3.1 实验目的

1. 掌握 C 表达式类型（赋值表达式、算术表达式、关系表达式、逻辑表达式、条件表达式和逗号表达式）和求值规则。

2. 掌握基本的输入/输出函数 scanf()、getchar()、printf()和 putchar()函数。

3. 掌握编写顺序结构程序的基本方法。

3.2 实验指导

[范例 1]　运行下列程序，观察其执行结果，并思考为什么？

```
/*e301.c */
#include <stdio.h>
main( )
{
    char c1='a',c2='b',c3='c',c4='\102',c5='\x61';
    printf("a%cb%c\tc%c\tabc\n",c1,c2,c3);
    printf ("\t\b%c %c\n",c4,c5);
    printf ("\\\t\'\t\"");
    printf ("\n%c\t%d",c1,c1);
}
```

输出结果为：

_____

_____

_____

[范例 2]　运行下列程序，输入数据流：12345678267.92，观察其执行结果，并思考为什么？

```
/* 程序 e302.c */
main()
{
 int i;
 float r;
 scanf("%3d%*4d%f",&i,&r);
 printf("i=%d,r=%f\n",i,r);
}
```

输出结果为：

_____

[范例 3]　编写程序，要求实现从键盘输入一个大写英文字母，在屏幕上输出它的小写形式。

思路：

（1）小写字母 ASCII 码值=大写字母 ASCII 码值+32。

（2）字符字母的输入函数 getchar()。

（3）字符字母的输出函数 putchar()。

参考程序：

```
#include"stdio.h"
main()
{
 char ch;
 printf("Input a char: ");
 ch=getchar();
 putchar(ch+32);
}
```

程序执行结果如下。

输入：Input a char: T

输出：t

3.3　实验内容

【基础实验】

1. 运行程序，分析一下结果，注意 printf 的格式。

```
#include <stdio.h>
void  main()
 { int a=1234;
   float f1=12.34567,f2=678.9;
   printf("1)%d,%6d,%-6d,%2d;\n",a,a,a,a);
   printf("2)%f,%10.4f,%3.2f;\n",f1,f1,f1);
   printf("3)%e,%e;\n",f1,f2);
```

```
printf("4)%8e,%14e;\n",f1,f1);
printf("5)%10.7e,%10.3e;\n",f1,f1);  }
```

输出结果为：_____

_____

_____

_____

_____

2. 在 VC++环境下调试运行，记录下调试过程和运行结果，注意 scanf()语句输入方法。

```
main( )
 { int a; float b ; char c ;
  ① printf("按格式%%d%%f%%c 送数:");
  ② scanf("%d%f%c", &a, &b, &c);
  ③ printf("a=%d, b=%f, c=%c,\n",a, b, c);
  ④ printf("按格式%%d,%%f,%%c 送数:");
  ⑤ scanf("%d,%f,%c", &a, &b, &c);
  ⑥ printf("a=%d, b=%f, c=%c,\n",a, b, c);
  ⑦ printf("按格式%%6d%%6f%%6c 送数:");
  ⑧ scanf("%6d%6f%6c", &a, &b, &c);
  ⑨ printf("a=%d, b=%f, c=%c,\n",a, b, c);  }
```

调试过程：

① 输出：_____

② 输入：_____

③ 输出：_____

④ 输出：_____

⑤ 输入：_____

⑥ 输出：_____

⑦ 输出：_____

⑧ 输入：_____

⑨ 输出：_____

3. 运行下面程序，注意字符输入/输出函数 putchar 函数和 getchar 函数的使用。并比较与 scanf()、printf()的区别。

```
void main( )
 { char  a ;
   int   b ;
   a='b';
   b = 111;
   putchar( a );
   putchar( b );
   putchar('y');
   putchar('\n'); }
```

分析并写出输出结果。

4. 编程计算下列表达式的值，并思考各运算符的运算优先级。

（1）$-2/（0.2+1.8）-15\%9 \times 2$。

（2）若 *x*=5，*y*=8，求表达式　x+6 !=y<x–3 的值。

（3）若 *x*=3，*y*=7，求逻辑表达式 ！（1<x）||2<9-y　的值。

5. 运行以下程序，给出程序运行结果。

```
#include<stdio.h>
main( )
{char  c1, c2;
 scanf("%c,%c", &c1,&c2);
 + +c1;
 - -c2;
 printf("c1=%c,c2=%c \n ", c1, c2);
}
```

运行结果：

输入：_____

输出：_____

6. 编写程序，输入两个整数，输出它们的积。写出源程序，上机编辑、调试、运行程序。

【提高实验】

1. 阅读程序，完成如下工作。

（1）上机编辑、调试程序。

（2）运行以下程序，在键盘上如何输入数据，才能使得变量 a=10，b=20，cl="A"，c2="a"，x=1.5，y=-3.75，z=67.8。

程序如下：

```
#include <stdio. h>
main( )
{ int  a, b;
 float  x, y, z;
 char  c1, c2;
 scanf("%5d%5d%c%c ", &a, &b, &c1, &c2);
  scanf("%f%f%*f,%f", &x, &y, &z);
}
```

2. 设三角形边长为 *a*、*b*、*c*，编程计算任意三角形的面积。

面积 area 的算法是：

$$area = \sqrt{s(s-a)(s-b)(s-c)}, s = \frac{a+b+c}{2}$$

3.4　实验小结

1. 根据学生实验过程中遇到的问题，教师向学生总结本次实验的重点和难点，要求学生重点关注。

2. 教师可根据学生的层次水平，从【基础实验】和【提高实验】中有选择地要求学生写出实验报告，实验报告要求如下。

（1）记录源程序在上机调试时出现的各种问题及其解决办法。

（2）按要求编写程序，并要保证其正确性。

（3）总结本次实验的经验与教训。

实验 4　选择结构程序设计

4.1　实验目的

1. 掌握 C 语言逻辑量的表示方法（以 0 代表"假"，1 代表"真"）。学会正确地使用关系表达式和逻辑表达式。
2. 掌握用 if 语句实现选择结构。
3. 掌握用 switch 语句实现多分支选择结构。
4. 掌握选择结构的嵌套。

4.2　实验指导

[范例1]　有一函数：

$$y = \begin{cases} x & (x < 1) \\ 2x-1 & (1 \leqslant x < 10) \\ 3x-11 & (x \geqslant 10) \end{cases}$$

写一程序，当输入 x 值时，计算输出 y 值。

说明：

（1）根据输入 x 的不同求 y 的值，使用 if 语句。

（2）分别输入三个分段中的三个数，判断输出结果是否正确，测试程序正确与否。

参考程序如下：

```
/* 程序 e401.c */
#include<stdio.h>
 main() {
    float x,y;
printf("input x:");
scanf("%f",&x);
if( x<1 )
    y=x;
if( x>=1 && x<10 )
    y=2*x-1;
if( x>=10 )
    y=3*x-11;
printf("y=%f\n",y);
 }
```

[范例2]　从键盘输入一年份，判断年份是否为闰年。

说明：

（1）判断闰年的条件：能够被 4 整除，但不能被 100 整除或者能被 100 整除，又能被 400 整除。

（2）使用一个变量来代表是否是闰年。

（3）如果是闰年则输出"* is a leap year!"，否则输出"* is not a leap year!"。*代表输入的

年份。

参考程序如下：

```c
/* 程序 e402.c */
#include <stdio.h>
main( )
{
    int year;
    scanf("%d", &year);                          /*键盘输入年份值*/
    if (year%4==0&&year%100!=0 || year%400==0)
        printf("This year is a leap year!\n");   /*如果是,则输出是闰年*/
    else
        printf("This year is not a leap year!"); /*否则输出不是闰年*/
}
```

[范例 3]　阅读程序，完成如下工作。

（1）上机编辑、调试程序。

（2）运行程序，当输入 4 时，给出程序运行结果。

```c
main( )
{
 int  x;
 scanf("%d", &x);
 switch(x)
  { case 1:
   case 2: printf("x<3 \n"); break;
   case 3: printf("x=3 \n"); break;
   case 4:
   case 5: printf("x>3 \n "); break;
   default: printf("x  unknow \n");
   }
   }
```

4.3　实验内容

【基础实验】

1. 阅读程序，完成如下工作。

（1）上机编辑、调试程序。

（2）运行程序，当输入 "+" 时，给出程序运行结果。

```c
#include <stdio. h>
main( )
{
  int  x=5, y=3;
  char op;
  printf("Enter a operator: ");
  scanf("%c", &op);
  if(op= = ' + ')
   printf("%d+%d=%d", x, y, x+y);
 else
     if(op= =' - ')
     printf("%d-%d=%d", x, y, x-y);
```

```
}
```

2. 阅读程序，完成如下工作。

（1）上机编辑、调试程序。

（2）运行程序，当输入 123 时，给出程序运行结果。

```
#include <stdio. h>
main( )
{
  int  magic=456;
  int  guess;
  scanf("%d", &guess);
  if (guess= =magic)
    printf("RIGHT!");
  else
    guess>magic ? printf("HIGH"): printf("LOW");
}
```

3. 写出以下程序运行的结果。

```
#include <stdio.h>
main( )
{
    int a=0,b=1;
    switch(a)
    {
       case  0:  switch(b)
               {
                   case  0: a++; b++; break;
                   case  1: a++; b++;
                   default: a++;
               }
       case 1:   a++; b++;
    }
    printf("a=%d,b=%d\n",a,b);
}
```

4. 编写程序，输入一个字母，若为小写，则把它变成大写输出。写出源程序，上机编辑、调试、运行程序。

5. 编写程序，从键盘上输入星期号，并显示该日期的英文星期名字。写出源程序，上机编辑、调试、运行程序。

6. 编程实现：根据输入学生的成绩输出等级。成绩 $X \geqslant 90$ 分时，等级为 A；成绩 $70 \leqslant X < 90$ 分时，等级为 B；成绩 $60 \leqslant X < 70$ 分时，等级为 C；成绩 $X < 60$ 分时，等级为 D。

【提高实验】

1. 编写程序，从键盘输入一个字符，判断它是字母、数字还是其他字符，并分别输出其个数。

2. 编写程序求解方程 $ax^2+bx+c=0$ 的根。

提示：求方程的根，有多种不同的情形，应采用选择结构解决。

可能的情形如下：

① a=0，不是二次方程。

② $b^2-4ac=0$，有两个相等实根：$-b/(2*a)$。

③ $b^2-4ac>0$，有两个不等实根。

$$X1=-b/（2*a）+sqrt（b*b-4*a*c）/（2*a）$$

$$X2=-b/（2*a）-sqrt（b*b-4*a*c）/（2*a）$$

④ $b^2-4ac<0$，有两个复根。

实部 p：$-b/（2*a）$

虚部 q：$Sqrt（-（b*b-4*a*c））/（2*a）$

3. 编写程序计算运输公司对用户收取运费。

设路程为 s，则运费折扣标准如下：

$s<250$	没有折扣
$250\leqslant s<500$	2%折扣
$500\leqslant s<1000$	5%折扣
$1000\leqslant s<2000$	8%折扣
$2000\leqslant s<3000$	10%折扣
$3000\leqslant s$	15%折扣

计算公式表示为：

$$f=p\times w\times s\times（1-d）$$

其中：

p：每吨每千米货物基本运费。

w：货物重量。

s：距离。

d：折扣。

4. 编写程序，给出一个不多于 4 位的正整数，要求如下。

（1）求出它是几位数。

（2）分别输出每一位数字。

（3）按逆序输出这个数。

代码提示：

```
main( )
{
    int num, indiv, ten, hundred, thousand,digit;
    printf("Input a integer number(0~9999): ");
    scanf("%d",&num);
    thousand=num/1000;
    hundred=num/100%10;
    ten=num%100/10;
    indiv=num%10;
    if(num>999)
    {
        ⋮
    }
    else
        if(num>99)
        {
            ⋮
        }
        else
            if(num>9)
```

```
        {
              ┊            }
        else
        {
              ┊            }
    }
```

4.4　实验小结

写出实验报告，实验报告要求如下。

（1）问题分析：写出解决问题的算法思路，画出程序流程图。

（2）源程序：根据算法思想或程序流程图编写源程序。

（3）调试记录：记录源程序在上机调试时出现的各种问题及其解决办法。

（4）总结：总结本次实验的经验与教训。

实验 5　循环结构程序设计

5.1　实验目的

1. 理解循环结构的构成要素。
2. 掌握 for 循环结构的灵活运用。
3. 掌握 while 和 do-while 循环结构的灵活运用。
4. 掌握循环的嵌套结构及 continue 和 break 语句的合理运用。

5.2　实验指导

［范例 1］　输出下式的前 20 项之和：

$$s = \frac{1}{2} + \frac{2}{3} + \frac{3}{5} + \frac{5}{8} + \frac{8}{13} + \cdots$$

（1）编程思路

循环变量初值：i = 1。

循环条件：i ≤ 20。

循环变量修改：i++。

循环体语句：s=s+当前分式值。

修改当前分式。

（2）修改当前分式的方法

第一项分子：1。

第一项分母：2。

此后分子规律：后一项分子是前一项分母。

此后分母规律：后一项分母是前一项分子分母之和。

（3）参考程序

```
main( )
```

```
{    float    s=0.0;
     int a=1, b=2, t, i;
     for ( i=1; i<=20; i++ )
     {   s = s + 1.0 * a / b;
         t = a;
         a = b;
         b = t + b,
     }
     printf("%f\n", s);
}
```

[范例 2]　任意输入一个正整数，输出它的每一位之和。

（1）编程思路

输入 x 的值。

循环变量初值：x。

循环条件：x > 0。

循环体语句：a = x % 10；s = s + a；。

循环变量修改：x = x / 10；。

循环结束后：输出 s 的值。

（2）参考程序

```
main( )
{   long  x;
    int  a,  s = 0;
    scanf( "%d", &x );
    while( x>0 )
    {   a = x%10;
        s = s + a;
        x = x / 10;
    }
    printf( "%d\n", s );
}
```

[范例 3]　编程实现图 2-5 所示的输出。

（1）编程思路

图 2-5

行号	空格数	星号数
1	5	1
2	4	3
3	3	5
4	2	7
5	1	9
6	0	11

设行号为 i，则：

第 i 行空格数为：6 - i。

第 i 行星号数为：2i -1。

外层循环：控制输出的行数，循环变量 i 从 1 循环到 6。

内层循环 1：循环变量 j 从 1 循环到 6-i，每次循环，输出一个空格。

内层循环 2：循环变量 k 从 1 循环到 2i-1，每次循环，输出一个*。

（2）程序结构

外循环变量初值：i＝1。

外循环条件：i≤6。

外循环体语句如下。

　　内循环 1 循环变量：j＝1。

　　内循环 1 循环条件：j≤6-i。

　　内循环 1 循环体语句：printf（" "）;。

　　内循环 1 循环变量修改：j++。

　　内循环 2 循环变量：k＝1。

　　内循环 2 循环条件：k≤2*i-1。

　　内循环 2 循环体语句：printf（"*"）;。

　　内循环 2 循环变量修改：k++。

　　输出换行符：printf（"\n"）;。

外循环变量修改：i++;

（3）参考程序

```
main( )
{   int  i, j, k;
    for ( i=1; i<=6; i++ )
    {   for ( j=1; j<=6-i; j++ )
            printf (" ");
        for ( k=1; k<=2*i-1; k++ )
        printf ("*");
        printf ("\n");
    }
}
```

5.3　实验内容

【基础实验】

1. 阅读程序，完成如下工作。

（1）上机编辑、调试程序。

（2）运行程序，给出程序运行结果。

```
#include <stdio. h>
 main( )
 { int  y=10;
   do {
       y-- ;
      }while(--y);
   printf("%d", y--);
 }
```

运行结果：＿＿＿＿＿＿＿＿＿＿＿＿

2. 程序填空。求出 100 以内的正整数中，最大的可被 13 整除的数是哪一个？

```
#include <stdio.h>
main( )
{
    int n;
    for( _____; _____; n--)
```

```
        if(n%13==0)  break;
    printf("%d\n",n);
}
```

3. 阅读程序，完成如下工作。

（1）上机编辑、调试程序。

（2）运行程序，给出程序运行结果。

```
#include <stdio. h>
main( )
{ int num=0;
  while(num<=2)
  { num++;
    printf("%d \n ", num);
  }
}
```

运行结果：_____

4. 阅读程序，完成如下工作。

（1）上机编辑、调试程序。

（2）运行程序，给出程序运行结果。

```
#include <stdio. h>
main( )
{ int i,  j,  k;
 char  space=' ';
 for( i =0; i<=3; i++)
  { for(j=1; j<=i; j++)
    printf("%c", space);
   for(k=0; k<=5; k++)
    printf("%c", ' * ');
   printf(" \n ");
  }
}
```

运行结果：_____

5. 写出下列程序运行的结果。

```
#include <stdio.h>
main( )
{
    int a,b;
    for(a=1,b=1;a<=100;a++)
    {
        if(b>=20)    break;
        if(b%3==1)
        {
            b=b+3;
            continue;
        }
        b=b-5;
    }
    printf("%d\n",a);
}
```

运行结果：_____

6. 求两个正整数的最大公因子。

提示：采用 Euclid（欧几里德）算法来求最大公因子，其算法如下。

（1）输入两个正整数 m 和 n。

（2）用 m 除以 n，余数为 r，如果 r 等于 0，则 n 是最大公因子，算法结束，否则（3）。

（3）把 n 赋给 m，把 r 赋给 n，转（2）。

参考代码如下，请将程序填写完整。

```c
#include <stdio.h>
void main ( )
{
  int m, n, r;
  printf ("Please input two positive integer: ");
  scanf ("%d%d", &m, &n);
  r=m%n;
 while ( _____ )
 {m = _____  ;
   n = r;
   r = _____;    //求余数
}
  printf ("Their greatest common divisor is %d\n", n);
}
```

7. 编写程序，求 $s=1+2+4+8+\cdots+64$ 的值，写出源程序，上机编辑、调试、运行程序。

8. 编写程序，求 $m=1!+2!+3!+\cdots+10!$ 的值。写出源程序，上机编辑、调试、运行程序。

9. 编写程序，输入一串字符，分别统计其中的英文字母、空格、数字和其他字符的个数。写出源程序，上机编辑、调试、运行程序。

【提高实验】

1. 编写程序，以下面的格式输出九九乘法表。

```
1×1=1
1×2=2  2×2=4
1×3=3  2×3=6  3×3=9
   ⋮      ⋮    ⋮
1×9=9  2×9=18 3×9=27 …9×9=81
```

2. 编写程序，求出 200～600 的所有素数。写出源程序，上机编辑、调试、运行程序。

3. 编程实现在屏幕上打印如下图形。

```
      *
    * * *
  * * * * *
* * * * * * *
  * * * * *
    * * *
      *
```

5.4 实验小结

写出实验报告，实验报告要求如下。

（1）问题分析：写出解决问题的算法思路，画出程序流程图。

（2）源程序：根据算法思想或程序流程图编写源程序。

（3）调试记录：记录源程序在上机调试时出现的各种问题及其解决办法。

（4）总结：总结本次实验的经验与教训。

实验 6　函数

6.1　实验目的

1. 掌握函数的定义方法、函数的类型和返回值。
2. 掌握库函数及自定义函数的正确调用。
3. 掌握函数形参与实参的参数传递关系。

6.2　实验指导

[范例 1]　跟踪调试以下程序，注意函数调用过程中形参和实参的关系。

```c
/*e601.c*/
#include <stdio.h>
main( )
{
    int t,x=2,y=5;
    void swap(int ,int);
    printf("(1) in main: x=%d,y=%d\n",x,y);
    swap(x,y);
    printf("(4) in main: x=%d,y=%d\n",x,y);
}
void swap(int a, int b)
{
    int t;
    printf("(2) in swap: a=%d,b=%d\n",a,b);
    t=a; a=b; b=t;
    printf("(3) in swap: a=%d,b=%d\n",a,b);
}
```

[范例 2]　一个判别素数的函数：在主函数输入一个整数，输出是否素数的信息。

本程序应当准备以下测试数据：17、34、2、1、0。分别输入数据，运行程序并检查结果是否正确。

```c
/*e602.c*/
#include<stdio.h>
#include<math.h>
 int ftss(int x)
{
int i,k,flag=1;
    k=_____;i=2;
while(i<=k)
{   if ____ {flag=0;break;}
    i++;
}
```

```
return flag;
}
void main()
{
int m;
    printf("Input one integer:");
scanf("%d", ___);
    if(ftss(m))  printf("%d is a prime number.\n",m);
elseprintf("%d is not a prime number.\n",m);
}
```

6.3　实验内容

【基础实验】

1. 写出下列两个程序的运行结果，并分析结果的区别。

```
/*e603.c*/
main()
{    int i=2,p;
    p=f(i,++i);
    printf("%d",p);
}
int f(int a, int b)
{    int c;
    if(a>b)  c=1;
    else if(a==b)   c=0;
    else c=-1;
    return(c);
}
```

运行结果：_____

```
/*e604.c*/
main()
{    int i=2,p;
    p=f(i, i++);
    printf("%d",p);
}
int f(int a, int b)
{    int c;
    if(a>b)  c=1;
    else if(a==b)   c=0;
    else c=-1;
    return(c);
}
```

运行结果：_____

2. 下面程序运行的结果是_____。

```
int x = 1,y = 2;
sub(int y)
{ x++;

y++;
}
```

```
main()
{ int x = 2;
sub(x);
printf("x + y = %d",x + y);
}
```

运行结果：_____

3. 本程序在主函数中，调用了 5 个函数，其中 fu1()，fu2()两个函数为用户自定义函数。阅读程序，完成如下工作。

（1）上机编辑、调试程序，运行程序。

（2）写出程序中函数调用方式。

（3）写出程序的功能。

程序如下：

```
# include <stdio.h>
# include <math.h>
main()
{ int fu1( int a, int b ) ;
  int fu2( int a, int b ) ;
int  a, b, x1;
printf("input two numbers:\n");
 scanf("%d%d",&a,&b);
fu1(a,b);
fu2(a,b);
x1= sqrt(a+b);
printf("%d\n",x1);
}
 int  fu1(int x, int y )
{ int z1 ;
   z1=x*x+y*y;
   printf(" x*x+y*y=%d\n ",z1);
}
int  fu2(int x, int y )
{ int z2 ;
   z2=(x+y)* (x+y);
   printf(" (x+y)* (x+y) =%d\n ",z2);
}
```

4. 阅读程序，完成如下工作。

（1）上机编辑、调试程序，运行程序。

（2）写出程序中函数调用方式，实参对形参的数据传递。

（3）写出程序的功能及运行结果。

程序如下：

```
void main()
 { void s(int n);
   int x=12;
   s( x );
   printf("n_s=%d\n",x);
}
 void s( int n )
{ int i;
```

```
    printf("n_x=%d\n",n);
    for(i=n-8; i>=1; i- -)
    n=n+i;
  printf("n_x=%d\n",n)
}
```

5. 求三个数中最大数和最小数的差值。请阅读下列程序，将程序填充完整。

```
#include <stdio.h>
 int dif(int x,int y,int z);
 int max(int x,int y,int z);
 int min(int x,int y,int z);
void main()
 {  int a,b,c,d;
    scanf("%d%d%d",&a,&b,&c);
    d=_____ ;
    printf("Max-Min=%d\n",d);
 }
int dif(int x,int y,int z)
{  return _____; }
int max(int x,int y,int z)
{    int r;
   _____;
      return(r>z?r:z);
 }
int min(int x,int y,int z)
{    int r;
     r=x<y?x:y;
     return(r<z?r:z);
 }
```

6. 求两个整数的最大公约数和最小公倍数。用一个函数求最大公约数，用另一函数根据求出的最大公约数求最小公倍数。请完成 zdgy（int x，int y）函数的编写。

```
#include<stdio.h>
int zdgy(int x,int y)
{


}

int zxgb(int x,int y)
{
return(x*y/zdgy(x,y));
}

void main()
{
int a,b,gy,gb;
printf("Input two integer numbers:(>0)");
scanf("%d,%d",&a,&b);
gy=zdgy(a,b);
gb=zxgb(a,b);
printf("%d and %d of zdgy is %d,zxgb is %d\n",a,b,gy,gb);
}
```

【提高实验】

1. 从键盘输入两个字符串，编写程序实现两个字符串的比较。不用 strcmp() 函数比较大小。

提示：

（1）输入两个字符串，存放数组中。

（2）用循环依次比较两字符串中对应字符。

（3）定义函数 compstr 比较字符串。

将程序补充完整，参考代码如下。

```
main()
{
int i,flag;
int compstr(char,char);
char str1[80],str2[80];
_____

_____
                  //输入字符串,用gets()函数
i=0;
do{
flag=compstr(_____);
i++;
}while((str1[i]!='\0')&&(str1[i]!='\0')&&(flag==0));
if (flag==0) _____ ;
else if(flag>0) _____ ;
else  printf("s1<s2");
}

int compstr(char c1,char c2)
{
int t;
_____

_____

}
```

2. 用函数的方法编写一个求级数前 n 项和的程序：$S=1+（1+3）+（1+3+5）+\cdots+[1+3+5+\cdots+（2n-1）]$。

3. 用函数实现将一个整数 n 转换成字符串。例如，输入 483，应输出字符串 "483"，n 的位数不确定，可以是任意的整数。

4. 编写一个求任意整数的阶乘的函数，并利用阶乘函数实现求 $m!$ /$n!$ /（$m-n$）!。

6.4　实验小结

写出实验报告，实验报告要求如下。

（1）问题分析：写出解决问题的算法思路。

（2）源程序：根据算法思想编写源程序。

（3）调试记录：记录源程序在上机调试时出现的各种问题及其解决办法。

（4）总结：总结本次实验的经验与教训。

实验 7　函数嵌套与递归

7.1　实验目的

1. 理解函数的嵌套调用和递归调用的思想和原理。
2. 能理解嵌套调用和递归调用的程序。
3. 能编写嵌套调用的程序和简单递归调用的程序。

7.2　实验指导

（1）函数的嵌套调用方法：函数的嵌套调用就是函数 A 调用函数 B，函数 B 再调用函数 C……最终再一层一层返回。

（2）函数的递归调用方法：函数的递归调用就是特殊的嵌套调用，就是一个子函数直接或者间接的调用自己的过程。例如：

（3）void a()

```
{......
 a( );
......
}
void a( )
{......
b( ); ......
}
void b( )
{......
a( );
......
}
```

[范例 1]　编程实现求 $C_m^n = \dfrac{m!}{n!(m-n)!}$

实验步骤：

（1）在 Visual c++ 6.0 环境下编写求阶乘函数 long fac（int k），求组合函数 long combination（int n，int m）和主函数 main()，并保存源程序。

（2）求阶乘函数 long fac（int k）要求用递归调用的原理和方法来编写。

（3）求组合函数 long combination（int n，int m）要求调用求阶乘函数 long fac（int k）来实现，这里就用了嵌套的方法。

（4）最后编写主函数 main()，在 main 中调用 combination 函数，最终实现求 $C_m^n = \dfrac{m!}{n!(m-n)!}$。

（5）对源程序进行调试、运行、验证结果。

程序处理中用到了函数的嵌套又用到了函数的递归，在 main() 函数中先定义了两个基本整型变量 m、n，运行时从键盘输入 m 和 n 的值，就可以得到从 m 个不同个体取 n 个个体的组合个数，例如输入 m 为 4，n 为 2，结果如图 2-6 所示。

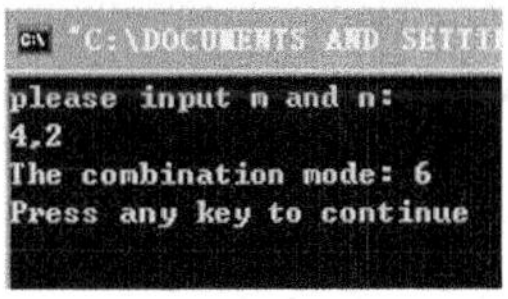

[范例 2]　用递归方法计算学生的年龄。已知第一位学生的年龄最小为 10 岁，其余学生一个比一个大 2 岁，求第 5 位学生的年龄。

参考代码如下。

图 2-6

```c
#include <stdio.h>
int age(int n)
{
    int c;
    if(n==1) c=10;
    else  c=age(n-1)+2;
    return  c;
}
main( )
{
    int n=5;
    printf("Age =%d\n",age(n));
}
```

7.3　实验内容

【基础实验】

1. 从键盘输入 ABCDEFG?，分析下述程序的运行结果，然后上机验证。

```c
/*sy7_1.c*/
#include <stdio.h>
void string( )
{
    char ch;
    ch=getchar( );
    if(ch!='?')  string( );
    putchar(ch); }
main( )
{
    string( );
}
```

运行结果：＿＿＿＿＿＿＿＿＿＿

2. 本程序的功能是计算 $s=1^k+2^k+3^k+\cdots+n^k$，设 $k=3$，$n=6$ 即求 $1^3+2^3+3^3+\cdots+6^3$ 的和。阅读程序，完成如下工作。

（1）上机编辑、调试程序，运行程序，写出运行结果。

（2）写出函数 f2（int n，int k）和 f1（int n，int k）的功能。

（3）程序中 6 次调用 f1()函数，写出 n 值的 6 次变化过程。

程序如下：

```c
long  f2 ( int n, int k )
{ int i;
   long  sum=0;
   for( i=1; i<=n; i++ )
     sum += f1( i, k );
   return  sum;
```

```
}
long  f1( int n, int k )
{ long power=1; int i;
  for( i=1; i<= k; i++ )
    power *= n;
  return   power;
}
main()
{ int  k=3, n=6;
  printf("Sum of %d powers of integers ",k);
  printf(" from 1 to %d = ", n);
  printf("%d\n",f2(n,k) );
}
```

3. 编写递归函数 sum 计算 1+2+3+…+n 的值，并在主函数中输出调用 sum（100）的结果。

4. 已知 Fibonacci 数列为 1，1，2，3，5，8，13…试用递归法编写求 Fibonacci 数的函数，在主函数中输入一个自然数，输出不小于该自然数的最小的一个 Fibonacci 数。

5. 计算 x 的 y 次幂的递归函数 getpower（int x，int y），并在主程序中实现输入/输出。

【提高实验】

1. 使用递归的方法计算下列多项式。多项式的递归定义如下：

$$P_n(x) = \begin{cases} 1 & n = 0 \\ x & n = 1 \\ ((2n-1)xp_{n-1}(x)-(n-1)p_{n-2}(x))/n & n > 1 \end{cases}$$

2. 用递归算法求 m 和 n 的最大公约数。递归公式如下：

$$\gcd(m,n) = \begin{cases} m & n = 0 \\ \gcd(n,m\%n) & n > 0 \end{cases}$$

7.4 实验小结

写出实验报告，实验报告要求如下。

（1）问题分析：写出解决问题的算法思路；画出程序流程图。

（2）源程序：根据算法思想或程序流程图编写源程序。

（3）调试记录：记录源程序在上机调试时出现的各种问题及解决办法。

（4）总结：总结本次实验的经验与教训。

实验 8 存储类型

8.1 实验目的

1. 掌握 C 语言程序中主调函数和被调函数之间进行数据传递的规则。

2. 了解局部变量和全局变量的作用域及它们的存储分类的关系。理解变量的存在性和可见的概念。

3. 了解静态变量的作用域及使用。

8.2　实验指导

[范例1]　求下列程序运行结果。

```
/*e801.c*/
#include <stdio.h>
#include <conio.h>
main( )
{
    void fun1(void);
    int i=1;
    clrscr( );
    printf("In main,first i=%d\n",i);
    {
        int i=8;
        printf("In main,second i=%d\n",i);
    }
    fun1( );
    printf("In main,third i=%d\n",i);
    fun1( );
}
void fun1(void)
{
    int i=9;
    i++;
    printf("In fun1,i=%d\n",i);
}
```

请自行分析程序运行结果，以熟悉局部变量的作用域和生存期。

上述程序运行正确的结果为：

```
In main,first i=1
In main,second i=8
In fun1, i=10
In main,thrid i=1
In fun1, i=10
```

[范例2]　分析 e802.c、e803.c 两个程序运行结果，注意静态变量的使用。

```
/*e802.c*/
main()
{ void increment(void);
    increment();
    increment();
    increment();
}
void increment(void)
{ int x=0;
    x++;
    printf("%d\n",x);
}
```

```
/*e803.c*/
main()
{ void increment(void);
    increment();
    increment();
    increment();
}
void increment(void)
{ static int x=0;
    x++;
    printf("%d\n",x);
}
```

e802.c 运行结果：

```
1
1
1
```

e803.c 运行结果：

```
1
2
3
```

8.3 实验内容

【基础实验】

1. 求程序运行结果并自行分析。

```c
/*e804.c*/
#include <stdio.h>
void num( )
{
    extern int   x,y;
    int a=15,b=10;
    x=a-b;
    y=a+b;
}
int x,y;
main( )
{
    int a=7,b=5;
    x=a+b;
    y=a-b;
    num( );
    printf("%d,%d\n",x,y);
}
```

运行结果：＿＿＿＿＿＿＿＿＿＿＿＿

根据上述程序的结果，对如下问题进行思考，并分析其结果。

（1）如果在 num 函数中第 2 行不加上 extern 前缀，其结果如何呢？

运行结果：＿＿＿＿＿＿＿＿＿＿＿＿

（2）如果在 num 函数中第 2 行不加上 extern 前缀，而是位于程序文件的顶部定义全局变量 int x，y；其结果又如何？

运行结果：＿＿＿＿＿＿＿＿＿＿＿＿

2. 写出下列程序的运行结果。

```c
/*e805.c*/
#include <stdio.h>
func(int a,int b)
{
    static int m=0,i=2;
    i +=m+1;m=i+a+b;
    return m;
}
main( )
{
    int k=4,m=1,p;
    p=func(k,m);
    printf("%d," ,p);
    p=func(k,m);
    printf("%d," ,p);
}
```

输出结果：

＿＿＿＿＿＿＿＿＿＿＿＿＿

＿＿＿＿＿＿＿＿＿＿＿＿＿

3．写出下列程序的运行结果。

```c
/*e806.c*/
#include <stdio.h>
int d=1;
void fun(int p)
{
    int d=5;
    d+= p++;
    printf("%d\n",d);
}
main( )
{
    int a=3;
    fun(a);
    d += a++;
    printf("%d\n",d);
}
```

输出结果为：

_____

_____

4．写出下列程序的运行结果。

```c
/*e807.c*/
#include <stdio.h>
#define  PT 5.5
#define  S(x)  PT*x*x
main( )
{
    int a=1,b=2;
    printf("%4.1f\n",S(a+b));
}
```

输出结果为：

_____

5．写出下列程序的运行结果。

```c
/*e808.c*/
#include <stdio.h>
int d=1;
int fun(int p)
{
    static int d=5;
    d+=5;
    printf("%d\n",d);
    return d;
}
main( )
{
    int a=3;
    printf("%d\n",fun(a+fun(d)));
}
```

输出结果为：

_____

_____

8.4 实验小结

1. 根据学生实验过程中遇到的问题，教师向学生总结局部变量和全局变量的作用、静态变量和动态变量的区别，要求学生重点关注。

2. 写出实验报告，实验报告要求如下。

（1）调试记录：记录源程序在上机调试时出现的各种问题及其解决办法。

（2）总结：通过实验分析局部变量和全局变量的作用、静态变量和动态变量的区别。

实验 9 一维二维数组

9.1 实验目的

1. 掌握一维数组的定义、初始化和引用。
2. 掌握二维数组的定义、初始化和引用。
3. 学会用数组设计程序。

9.2 实验指导

[范例 1] 将 10 个人的成绩输入计算机后按逆序显示。

分析：输入一组数据可以用循环实现，如下所示。

输入学生成绩：

```
float score[10];
 for(i=0;i<10;i++)
               scanf("%f",&score[i]);
```

参考代码：

```
#define  N  10
main( )
{ int i;float score[N];
  for (i=0; i<N; i++)
    scanf("%f",&score[i]);
  for (i=N-1; i>=0; i--)
    printf("%6.1f",score[i]);
 }
```

[范例 2] 输入 5 个整数，找出最大数和最小数所在的位置，并把二者对调，然后输出。

分析：最大/小值采用打擂台的方法。

（1）定义一维数组 *a* 存放被比较的数。

定义变量 max 为最大值，min 为最小值，k 为最大值下标，j 为最小值下标 。

（2）各数依次与擂主进行比较，

若 a[i]>max，则 max=a[i]；k=i；

否则判断：若 a[i]<min，则 min=a[i]；j=i；

（3）当所有的数都比较完之后，让 a[j]=max；a[k]=min；。

（4）输出 a 数组。

参考代码：

```
main( )
{ int a[5],max,min,i,j,k;
  for(i=0; i<5; i++)
   scanf("%d",&a[i]);
  min=a[0]; max=a[0];
  j=k=0;
  for (i=1; i<5; i++)
   if (a[i]<min) { min=a[i];  j=i; }
      else if (a[i]>max) { max=a[i]; k=i ; }
  a[j]=max; a[k]=min;
  for (i=0; i<5; i++)
   printf("%3d",a[i]);
  printf("\n");
}
```

[范例 3]　输入任意一个二维数组，将二维数组行列元素互换，存到另一个数组中。

假设输入数组为 a，输出为 b。

$$a = \begin{pmatrix} 1 & 2 & 3 \\ 4 & 5 & 6 \end{pmatrix} \qquad b = \begin{pmatrix} 1 & 4 \\ 2 & 5 \\ 3 & 6 \end{pmatrix}$$

参考代码：

```
#include <stdio.h>
main()
{   int a[2][3], b[3][2],i,j;
    for(i=0;i<=1;i++)
     for(j=0;j<=2;j++)
      scanf("%d",&a[i][j]);
    printf("array a:\n");
    for(i=0;i<=1;i++)
    {   for(j=0;j<=2;j++)
        {   printf("%3d",a[i][j]);
            b[j][i]=a[i][j];     }
        printf("\n");
    }
    printf("array b:\n");
     for(i=0;i<=2;i++)
    {   for(j=0;j<=1;j++)
          printf("%3d",b[i][j]);
          printf("\n");
    }
}
```

9.3　实验内容

【基础实验】

1. 阅读程序，完成如下工作。

（1）上机编辑、调试程序。

（2）运行以下程序，给出程序运行结果。

（3）写出程序的功能。

程序如下：

```
main()
{ static int a[][3]={9,7,5,3,1,2,4,6,8};
  int i, j, s1=0, s2=0;
 for( i=0; i<3; i++)
   for( j=0; j<3; j++)
 { if ( i= =j ) s1=s1+a[i][j];
       if ( i+j= =2) s2=s2+a[i][j];
  }
  printf("%d\n%d\n",s1,s2);
 }
```

2. 以下程序的功能是求出一个 3 行 4 列的矩阵中最大的那个元素的值及它所在的行号与列号。阅读以下程序，完成如下工作。

（1）在程序的空白处，填写正确的语句。

（2）上机编辑、调试程序。

（3）运行程序，给出程序运行结果。

程序如下：

```
main()
{ int i,j,row,colum,max;
 int a[3][4]={{1,2,3,4},{9,8,7,6},{-10,10,-5,2}};

 _____
 _____
 _____
 _____
 _____

 _____
 printf(" max=% d, row =% d,colum =% d \n",max,row,colum);
 }
```

3. 下列程序是求学生的平均成绩，请将程序补充完整。

```
float average(int stu[10], int n);
 void main()
 { int score[10], i;
    float   av;
    printf("Input  10  scores: \n");
    for( i=0; i<10; i++ )
       scanf("%d", &score[i]);
    av= _____;
    printf("Average  is: %.2f", av);
 }
float   average(int stu[10], int n)
 { int i;
    float av,total=0;
```

```
    for( i=0; i<n; i++ )
        _____
    av = _____
    return av;
}
```

4. 下列程序为用数组实现的简单选择排序，请将程序补充完整。

```
main( )
{   int a[10],i;
    for(i=0;i<10;i++)
    scanf("%d",_____); //给数组输入数据
    _____;//调用排序函数
    for(i=0;i<10;i++)
        printf("%d ",a[i]);
    printf("\n");
}

void sort(int  array[],int  n)
{   int i,j,k,t;
    for(i=0;i<n-1;i++)
    {   k=i;
        for(j=i+1;j<n;j++)
            if( _____ )   //找到最小值
                k=j;
        if(k!=i)
        {   _____ ;
            _____ ;
            _____ ;  //实现交换
        }
    }
}
```

5. 编写程序，用数组来求 Fibonacci 数列，并按每行 5 个数据输出。

运行结果如下：

1	1	2	3	5
8	13	21	34	55
89	144	233	377	610
987	1597	2584	4181	6765

6. 编程实现：读入 20 个整数，统计非负数的个数及其和，并找出最大的数。

7. 编一程序用冒泡排序方法对 10 个整数排序（从大到小）。

【提高实验】

1. 定义一个二维数组（$N \times M$）来描述下面的问题。

（1）某班有 30 名学生，期末考试语文、数学、英语三门课程，请定义一个二维数组 *score* 来保存学生成绩。

（2）计算每个学生的平均成绩，输出平均成绩大于 90 的学生的信息。

2. 编程实现：求[2，100]以内所有的素数，存放在数组 *a* 中。

3. 输出图 2-7 所示的杨辉三角形（不超过 10 行）。

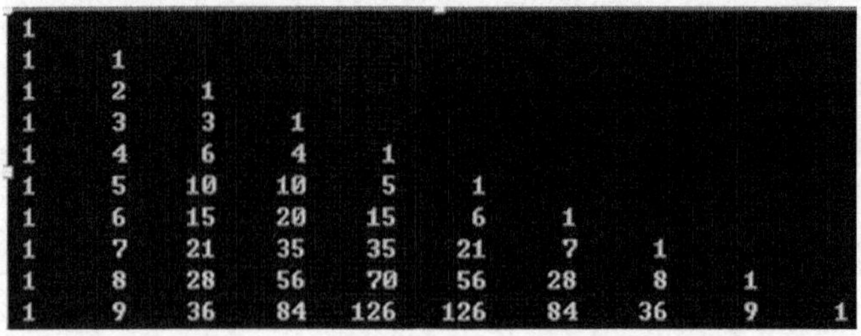

图 2-7

9.4 实验小结

写出实验报告，实验报告要求如下。

（1）问题分析：说明采用什么数据结构（如是一维数组还是二位数组），写出解决问题的算法思路，画出程序流程图。

（2）源程序：根据算法思想或程序流程图编写源程序。

（3）调试记录：记录源程序在上机调试时出现的各种问题及解决办法。

（4）总结：总结本次实验的经验与教训。

实验 10 字符数组与字符串

10.1 实验目的

1. 掌握字符数组和字符串的输入、输出和初始化。
2. 掌握常用的字符串处理函数。

10.2 实验指导

［范例 1］ 填空并分析字符串的输入与输出。

```
#include<stdio.h>
main()
{
static char str[20]={"How do you do ?"};
int k;
printf("%s",str);        /*输出 str 中的字符串*/
for (k=0;str[k]!= _____ ;k++)
 printf("%c",str[k]);    /*一个一个地输出字符*/
 }
```

输出结果为：How do you do ? How do you do ?

说明：使用 printf()函数的"%s"格式符来输出字符串，从数组的第一个字符开始逐个输出，直到遇到第一个"\0"为止。

使用"%c"格式时，用循环实现每个元素的输出。

［范例 2］ 写出运行过程，注意输入/输出函数的使用。

```
#include<stdio.h> main()
```

```
{
  char s[20],s1[20];
  scanf("%s",s);
  printf("%s\n",s);
  scanf("%s%s",s,s1);
  printf("s=%s,s1=%s",s,s1);
  puts("\n");
  gets(s);
  puts(s);
}
```

10.3　实验内容

【基础实验】

1. 填空，并调试运行。

```
#include<stdio.h>
main()
{
  int k;
char s[12]={'H','o','w',' ', 'a','r','e', ,'y','o','u','?'};
    for(k=0; ___;k++)
    putchar( ____ );
}
```

输出结果为：How are you

2. 阅读程序，完成如下工作。

（1）上机编辑、调试程序。

（2）运行以下程序，分别输入 Country 和 side，给出程序运行结果。

（3）写出程序的功能。

程序如下：

```
char concate(char string1[],char string2[],char string[])
{ int i,j;
 for(i=0;string1[i]!='\0';i++)
   string[i]=string1[i];
 for(j=0;string2[j]!= '\0';j++)
   string[i+j+1]=string2[j];
 string[i+j]= '\0';
}
main()
{ char s1[40],s2[40],s[80];
  printf(" \n Please input string1: ");
  scanf("%s" ,s1);
  printf(" \n Please input string2: ");
  scanf("%s",s2);
  concate(s1,s2,s);
  printf("\n New string: % s" ,s);
}
```

3. 从键盘上输入两个字符串，若不相等，将短的字符串连接到长的字符串的末尾并输出。

```
#include<stdio,h>
#include<string.h>
main()
```

```
{
char s1[80],s2[80];
_____;
_____ ;
if (strcmp(s1,s2)!=0)
 { if (_____)
 {strcat(s1,s2);puts(s1);}
 else {_____;puts(s2);}
 }
```

4. 分析以下程序的运行结果。

```
main()
{
char a[]="ab12cd34ef";
int i,j;
for(i=j=0;a[i];i++)
 If (a[i]>='a' && a[i]<='z')
    a[j++]=a[i];
a[j]='\0';
printf("%s\n",a);

}
```

运行结果：_____

5. 分析以下程序的运行结果。

```
main()
  {
  char s1[81],s2[81];
  int m=0,n=0;
  gets(s1);
  gets(s2);
  while(s1[m]!='\0') m++;
  while(s2[n])
  {s1[m]=s2[n];
m++,n++;
  }
  printf("%d\n",m);
  }
  }
```

运行结果：_____

6. 编写程序，实现如下功能。

（1）输入一个字符串，并存入字符数组 a 中。

（2）输入任何字符，在字符数组中查找该字符的位置，并输出。

（3）删除字符数组中所有（2）中查找的字符，并输出删除后的数组。

【提高实验】

1. 编程实现：输入 3 个字符串，要求找出其中最大者。

提示：在字符串比较中，所谓"大"者是指按英文字典的排列，在后面出现的为大。把 str[0]、str[1]、str[2] 看作 3 个一维字符数组，如同一维数组那样进行处理。今用 gets 函数分别读入 3 个字符串。经过两次比较，就可得到值最大者，把它放在一维字符数组 string 中。

```
#include<stdio.h>
```

```
#include<string.h>
void main ()
{
  char string[20];
  char str[3][20];
  int i;
  for (i=0;i<3;i++)
    _____        //输入 3 个字符串
if (strcmp(str[0],str[1])>0)
  _____
  else _____
if (strcmp(str[2],string)>0)
  _____
printf("\nthe largest string is\n%s\n",string);
}
```

2. 从标准输入设备上输入一个字符串，分别统计其中每个数字、空格、字母及其他字符出现的次数。

3. 编写一个密码检测程序，程序执行时，要求用户输入密码（标准密码预先设定），然后通过字符串比较函数比较输入密码和标准密码是否相等。若相等，则显示"口令正确"并转去执行后继程序；若不相等，重新输入，3 次都不相等则终止程序的执行。要求自己编写一个字符串比较函数，而不使用系统的 strcmp()函数。

代码提示：

```
#include<stdio.h>
#include<conio.h>
#include<stdlib.h>
int strcompare(char str1[ ],char str2[ ] )        /*对两个字符串进行比较的函数*/
{
  ⋮
}
main( )
{
  char password[20]="my password";
  char input_pass[80];                             /*定义字符数组 passstr*/
  int i=0;                                         /*检验密码*/
  while(1)
  {
    printf("请输入密码\n");
    ⋮                                              /*输入密码,并比较*/

                                                   /*输入正确的密码,跳出循环*/

    getch( );
    i++;
    if(i==3) exit(0);                              /*输入 3 次错误的密码,退出程序*/
  }
  printf("恭喜,您输入的口令正确! ");               /*跳出 while 循环后,执行此语句*/
}
```

10.4　实验小结

1. 注意字符串和字符数组的使用。
2. 写出实验报告，实验报告要求如下。
（1）问题分析：说明采用什么数据结构，解决问题的算法思路。
（2）源程序：根据算法思想或程序流程图编写源程序。
（3）调试并总结。

实验 11　指针

11.1　实验目的

1. 掌握指针、指针变量的概念，掌握"&"和"*"运算符的使用。
2. 熟练使用变量、数组、字符串、函数的指针以及指向变量、数组、字符串、函数的指针变量，掌握通过指针引用以上各类型数据的方法。
3. 掌握使用指针作为函数参数的方法和返回指针值的指针函数。
4. 掌握二级指针、指针数组等重要概念。

11.2　实验指导

1. 知识点说明

（1）指针的概念

"指针"是指地址，是常量。"指针变量"是指取值为地址的变量。定义指针的目的是为了通过指针去访问内存单元。

（2）指针的运算

➢ 指针变量的定义形式：类型说明符　*变量名。

指针变量的数据类型是它指向变量的数据类型，一个指针变量只能指向与它数据类型相同的变量。

➢ &：取地址运算符，该运算将返回操作对象的内存地址。

➢ *：指针运算符，该运算间接地存取指针所指向的变量的值。

（3）指针变量初始化

类型说明符　指针变量名=初始地址值；

指针变量被定义后，必须经过初始化，将一个确定的地址赋给指针变量后，该指针才能使用，否则有可能导致系统的崩溃。

（4）指针的运算

➢ 指针变量的赋值是指使指针变量指向一特定的内存地址。指针变量的赋值运算只能在相同的数据类型之间进行。

➢ 指针加（减）一个整数的意义是当指针指向某存储单元时，使指针相对该存储单元移动位置，从而指向另一个存储单元。

➢ 两个指针进行关系运算，指针比较是指对两个指针所指的地址进行比较。

> 当两个指针指向同一数组时，两个指针相减的差值即为两个指针相隔的元素个数。

（5）指针与数组

> 访问数组元素的 3 种形式如下。

① 下标法：即以 a[i]的形式存取数组元素。

② 地址法：用*（a+i）的形式存取数组元素，实质上和下标法是一样的。

③ 指针法：用一个指针指向数组的首地址，然后通过移动指针访问数组元素。

> 数组元素的地址与值的各种表示形式如表 2-1 所示。

表 2-1　　　　　　　　　　　数组元素的地址与值的各种表示形式

表示形式	在一维数组中的含义	在二维数组中的含义
a	数组的首地址	数组的首地址
a+i　　&a[i]	第 i 个元素的首地址	第 i 行首地址
*(a+i) a[i]	第 i 个元素的值	第 i 行第 0 列首地址
*(a+i) +j　a[i]+j &a[i][j]		第 i 行第 j 列首地址
((a+i) +j) *(a[i]+j)　a[i][j]		第 i 行第 j 列元素的值

> 指向数组的指针变量的定义与指向普通变量的指针变量的定义方法相同。例如：

```
int a[10],  *p;  p=a;  /*定义指针变量p,指向一维数组a*/
```

则有：p+1 指向下一个元素。

p 指针访问数组元素 a[i]格式：*（p+i）。

> 指向二维数组的指针变量定义格式。

数据类型　*指针变量，数组名[下标1][下标2]；

例如：int　a[3][4]，*p；　p =a；

则有：p+1 指向下一个元素。

p 指针访问数组元素 a[i][j]格式：*（p+（i*每行列数+j））。

> 数组指针定义形式：

类型说明符　(*变量名) [常量表达式]；

（6）字符串与指针

> 通常把 char 型指针称为字符串指针或字符指针。

> 字符指针与字符数组的区别如下。

① 字符数组是由若干个元素组成，每个元素存放一个字符，而字符指针是一个指针变量，变量中只保存一个字符的地址而不是整个字符串。

② 赋值方式不同。对字符数组的赋值只能对各个元素分别赋值，而对字符指针只用赋给字符串的首地址就可以了。

③ 指针变量的值在程序运行中可以被改变，但字符数组的地址是不能被改变的。

（7）指针与函数

函数调用中，函数的参数可以是指针类型，它的作用是将一个变量的地址传送到另一个函数中。

（8）指针数组

指针数组中的每个元素都是具有相同的数据类型的指针，是指针的集合。定义形式：

类型说明符　*数组名[常量表达式];

（9）指针的指针

指针也是一个变量，它也有存储地址，因此，同样可以定义另一个指针指向该指针，我们称该指针为"指针的指针"。定义形式：

类型说明符　**指针变量名;

（10）函数指针

在程序运行中，函数代码是程序的算法指令部分，也占用存储空间，有相应的地址。可以使用指针变量指向函数代码的首地址，指向函数代码首地址的指针变量称为函数指针。定义形式：

函数类型(*指针变量名)(形参列表);

2.［范例］

编写一程序，用于统计从键盘输入的字符串中的元音字母（a，A，e，E，i，I，o，O，u，U）的个数。

```c
#include <stdio.h>
fun (char *s)
{
    char a[ ]="aAeEiIoOuU", *p;
    int n=0;
    while(*s )
    {
        for(p=a; *p; p++)
            if (*p ==*s)
            {
                n++;
                break;
            }
        s++;
    }
    return n;
}
void main( )
{
    char str[255];
    printf("请输入一个字符串：");
    gets (str);
    printf ("该字符串中元音字母的个数为：%d\n", fun(str));
}
```

11.3 实验内容

【基础实验】

1．若有以下说明和语句，且 0<i<10，则_____是数组元素的错误引用。

```c
int a[]={1,2,3,4,5,6,7,8,9,0},*p,i;
p=a;
```

a.* (a+i)　　　　　　b.a[p-a]　　　　　c. p+i　　　　　　d.* (&a[i])

2. 下面程序的输出是：_____。

```
#include <stdio.h>
void main()
{ int a[10]={1,2,3,4,5,6,7,8,9,10},*p=a;
printf("%d",*(p+2));}
```

a. 3　　　　　　　　b. 4　　　　　　　c. 1　　　　　　　d. 2

3. 下面程序的功能是通过函数调用，将一维数组中的数据求和并输出。请上机编辑、调试以下程序，完成如下工作。

（1）找出程序中的错误，说明错误的性质。

（2）编辑修改程序。

（3）运行修正后的程序，给出程序运行结果。

有错的程序如下。

```
Swin( int *p,int n )
{ int i;
  for(i=1;i<=n;i++)
    s=s+*p;
  p++;
  return s;
}
main()
{ int i,x,a[10];
  for(i=0;i<=10;i++)
     scanf("%d",a[i]);
  x=swin(a,10);
  for(i=0;i<=10;i++)
     printf("%d,",a[i]);
  printf("%d",x);
}
```

4. 以下程序的功能是比较两个字符串的大小。阅读以下程序，完成如下工作。

（1）在程序的空白处，填写正确的语句。

（2）上机编辑、调试程序。

（3）运行程序，给出程序运行结果。

程序如下。

```
str1(char *s1,char *s2)
{ for(; *s1= =*s2;_____,_____) if(*s1= ='\0') return(0);
  return(*s1-*s2);
}
main()
{char a[10],b[10],*p,*q;
 int i;
 p=&a;
 q=&b;
 scanf("%s%s", a, b);
 i=str1(_____);
 printf("%d", i);
}
```

5. 以下程序的 main 函数，经过编译、连接后得到的可执行文件名为 myq1.exe。且已知在系统的命令状态下输入命令行 myq1 Shanghai sichuan✓后得到的输出是：Shanghai，sichuan。阅读以下程序，完成如下工作。

（1）在程序的空白处，填写正确的语句。

（2）上机编辑、调试程序。

（3）运行程序，给出程序运行结果。

程序如下。

```
main(int argc,char *argv[ ])
{while(_____)
 ++argv;
 printf("%s,",_____);
 - -argc;
 }
```

6. 阅读程序，完成如下工作。

（1）上机编辑、调试程序。

（2）运行程序，给出程序运行结果。

（3）写出程序的功能。

程序如下。

```
main()
{ int i,j,(*p)[3];
 int a[2][3];
 for(i=0;i<2;i++)
  for(j=0;j<3;j++)
   scanf("%d", &a[i][j]);
 p=a;
 for(i=0;i<2;i++)
  for(j=0;j<3;j++)
   printf("%d\n",*(*(p+i)+j));
 }
```

7. 编写 compare（char *s1，char *s2）函数，实现比较两个字符串大小的功能。

8. 编写 strcpy（char *s，char *t）函数，实现把 t 指向的字符串复制到 s 中。

9. 编一程序，求出从键盘输入的字符串的长度。

10. 输入一行字符，统计其中分别有多少个单词和空格。比如输入："How are you"，有 3 个单词和 2 个空格。

【提高实验】

1. 3 个学生各学 4 门课，输入每个学生的成绩，用函数和指针实现计算总平均分，并输出第 i 个学生成绩。

2. 输入 5 个字符串，将这 5 个字符串按从小到大的顺序排列后输出。要求用二维字符数组存放这 5 个字符串，用指针数组元素分别指向这 5 个字符串。

11.4 实验小结

1. 分析指针应用的重难点。

2. 写出实验报告，实验报告要求如下。

（1）问题分析：说明采用什么数据结构（如是指针数组、函数指针还是二级指针），写出解决问题的算法思路，画出程序流程图。

（2）源程序：根据算法思想或程序流程图编写源程序。

（3）调试记录：记录源程序在上机调试时出现的各种问题及其解决办法。

（4）总结：总结本次实验的经验与教训。

实验 12　结构体与共用体

12.1　实验目的

1. 掌握结构类型定义方法以及结构体变量的定义和引用。
2. 掌握指向结构体变量的指针变量的应用。
3. 掌握结构数组的应用。
4. 掌握运算符 "." 和 "->" 的应用。
5. 掌握共用体变量的定义方法及其引用。

12.2　实验指导

[范例 1]　编写一个简单的账目实例，它是以结构类型数组来保存账目信息。所存储的信息包括：项目名（item）、价格（cost）、现存量（on_hand）。程序要求具有增加账目条、删除账目条、列表账目条和退出 4 个功能，通过菜单来选择执行。

```c
#include <stdio.h>
#include <stdlib.h>
#define  MAX  100
struct inv                          /*定义一个基本的数据结构 inv,来保存这些信息*/
{
    char item [30];
    float cost;
    int on_hand;
}inv_info[MAX];                     /*定义一个记录数为 100 的结构数组变量*/
void init_list( ),list( ),delete( ),enter( );        /*函数说明*/
main( )
{
    char choice;
    init_list( );                   /*调用 init_list 函数,初始化结构数组*/
    for( ; ; )
    {
        choice=menu_select( );      /*显示主菜单*/
        switch(choice)
        {
            case 1:
                enter( );           /*选择 1 时,调用 enter( )函数*/
                break;
            case 2:
                delete( );          /*选择 2 时,调用 delect( )*/
```

```
                break;
            case 3:
                list( );                    /*选择 3 时,调用 list( )函数*/
                break;
            case 4:
                exit(0);                     /*选择 4 时,退出程序*/
        }
    }
}
void init_list( )                           /*初始化结构数组*/
{
    register int t;
    /*将所有项目名第一个字节赋以空字符*/
    for (t=0; t<MAX; ++t)
        inv_info[t].item[0]='\0';
}
menu_select( )                              /*主菜单,输入用户的选择*/
{
    char s[80];
    int c;
    printf("\n");
    printf("1.  Enter a item\n");
    printf("2.  Delete a item\n");
    printf("3.  List the inventory\n");
    printf("4.  Exit\n");
    do
    {
        printf("\n Enter your choice:");
        gets(s);
        c=atoi(s);
    } while(c<0 || c>4);
    return c;                               /*带值返回,c 可以等于 1、2、3 或 4*/
}
/*输入账目信息*/
void enter( )
{
    int slot;
    char s[80];
    float x;
    slot=find_free( );
    if (slot==-1)                           /*如果数组已满,则显示信息"list full"*/
    {
        printf("\nlist full");
        return;
    }
    printf("Please enter item:");
    gets(inv_info[slot].item);
    printf("Please enter cost:");
    gets(s);
    x=atof(s);
    inv_info[slot].cost=x;
    printf("Please enter number on hand:");
    scanf("%d%*c",&inv_info[slot].on_hand);
```

```
}
find_free( )                              /*返回不能使用的数组位置或无空位置标志"-1"*/
{
    register int t;
    for (t=0; inv_info[t].item[0] && t<MAX; ++t);
        if (t==MAX) return -1;
    return t;
}
void delete( )                            /*删除用户指定的项目序号*/
{
    register int slot;
    char s[80];
    printf("enter record #:");            /*记录号是从序号 0 开始的*/
    gets(s);
    slot=atoi(s);
    if (slot>=0 && slot<=MAX) inv_info[slot].item[0]='\0';
                                /* 将指定删除的记录的项目名的第一个字节赋以空字符*/
}
void list( )                              /*显示列表*/
{
    register int t;
    for (t=0; t<MAX; ++t)
    {
        if (inv_info[t].item[0])
        {
            printf("item: %s\n",inv_info[t].item);
            printf("cost: %f\n",inv_info[t].cost);
            printf("on hand: %d\n\n",inv_info[t].on_hand);
        }
    }
    printf("\n\n");

}
```

[范例 2]　字符 0 的 ASCⅡ码的十进制数为 48，且数组的第 0 个元素在低位，写出下面程序的输出结果。

```
#include <stdio.h>
main( )
{
    union
    {
        int a[2];
        long k;
        char c[4];
    }r,*s=&r;
    s->a[0]=56;
    s->a[1]=48;
    printf("%c\n", s->c[0]);
}
```

分析：本程序中，共用体类型各个成员共同占用的字节是 4 个字节，数组的第 0 个元素在最低位，s->a[0]的 56（对应字符 8）在最低位。故结果为 8。可以上机加以验证。

[范例3] 写出下面程序的输出结果。

```
#include <stdio.h>
main( )
{
    union
    {
        int a;
        char c[2];
    } s;
    s.a=270;
    printf("%d, %d\n", s.c[0], s.c[1]);
}
```

分析：本程序中，共用体变量 *s* 中有 2 个成员：整型变量 *a* 和字符型数组 *c*，它们占用同一段内存区。将 270 赋给成员 *a*，它占 2 个字节，对应的二进制数为 0000 0001 0000 1110。当以%d格式输出成员 *c* 的 2 个元素时，*c*[0]的值即是低字节的值 14，*c*[1]的值即是高字节的值 1。所以，该程序的运行结果为：14，1。通过上机调试来加深对共用体的理解。

12.3 实验内容

【基础实验】

1. 阅读程序，完成如下工作。

（1）上机编辑、调试程序。

（2）运行以下程序，给出程序运行结果。

（3）写出程序的功能。

程序如下：

```
main()
{  int  k;
   struct student
     { char name[12];
       float chj1;
       float chj2;
       float chj3;
     };
   struct student a[2] = {{"chen", 94,76,72},{"wang", 75, 82, 79}}, *p;
   for ( k= 0 ; k<2 ; k++ )
    { printf ("\nname: %s", a[k].name );
      printf ("total = %f\n",  a[k].chj1+a[k].chj2+a[k].chj3 ); }
   for (p= a ; p<a+2 ; p++ )
    { printf ("\nname: %s ", p->name );
          printf ("total = %f\n",  p->chj1+ p->chj2+ p->chj3 ); }
}
```

2. 编程实现如下功能：现有一个班 30 个学生，每个学生信息包括姓名、学号及期末总成绩；找出其中总分最高和最低的学生，并分别打印出其所有信息。

要求正确进行解题分析，掌握数据结构的定义方法，掌握流程图的描述方法，编辑、运行本题程序。

（1）定义一个结构数组来存放这个班 30 个学生信息。

```
struct student
```

```
{
  char name[15];
  long int xuehao;
 float score;
};
struct student info[30] ;
```

（2）结构数组每一个数组元素存放一个学生的姓名、学号以及期末总成绩信息。用单循环语句给数组赋值。

（3）通过对这个结构数组的处理，用循环语句内嵌选择结构找出最大最小值。完成题目的要求。

3. 阅读程序，完成如下工作。

（1）上机编辑、调试程序。

（2）运行以下程序，输入一个学生的信息数据，再输入一个老师的信息数据。

（3）在程序的主函数中增加程序段，输出上述输入的学生和老师的信息数据。

程序如下。

```
struct
{ int  num;                   /*编号*/
  char  name[10];             /*姓名*/
  char  sex;                  /*性别 */
  char  job;                  /*类别: s 学生    t 教师*/
  union
   {  int  ciass;            /* 班号*/
      char  position[10];     /* 职务  */
    } category;
 } per [2];
 main()
 { int n, i;
    for ( i=0;i<2;i++)
    { scanf("%d%s%c%c",&per[i].num,
         per[i].name, &per[i].sex,&per[i].job);
     if ( per[i].job= ='s')
       scanf("%d",&per[i].category.class);
       else if ( per[i].job= ='t')
       scanf("%s",per[i].category.position);
       else printf("input error! ");
    }
   printf("\n");
 }
```

【提高实验】

编程实现一个学籍管理程序，它是以结构类型数组来保存学生信息。所存储的信息包括姓名（name），性别（sex），班级（class）、计算机（computer）、英语（english）、数学（math）3 科成绩以及总分（sum）和平均分（average）两项统计。程序要求具有增加学生、删除记录、显示记录和退出 4 个功能，通过菜单来选择执行。

12.4 实验小结

1. 分析结构体和共用体应用的重点难点。

2. 写出实验报告，实验报告要求如下。

（1）问题分析：写出解决问题的算法思路，画出程序流程图。

（2）源程序：根据算法思想或程序流程图编写源程序。

（3）调试记录：记录源程序在上机调试时出现的各种问题及其解决办法。

（4）总结：总结本次实验的经验与教训。

实验 13 文件操作

13.1 实验目的

1. 掌握文件和文件指针的概念以及文件指针的定义方法。

2. 掌握文件的打开和关闭的操作方法。

3. 掌握有关文件操作函数的使用。

13.2 实验指导

[范例 1] 编写一个程序，由键盘输入一个文件名，然后把键盘输入的字符存放到该文件中，用#作为结束输入的标志。

```c
/*e1301.c*/
#include <stdio.h>
main( )
{
    FILE  *fp;
    char ch,fname[10];
    puts("Please input name of file");
    gets(fname);
    if ((fp=fopen(fname,"w"))==NULL)
    {
        puts("Can't open file.");
        exit(0);
    }
    printf("Please enter data\n");
    while ((ch=getchar( ))!='#')
        fputc (ch,fp);
    fclose (fp);
}
```

[范例 2] 从键盘输入 4 个学生数据，把它们转存到磁盘文件中。

```c
#include <stdio.h>
#define SIZE 4
struct student_type
{   char name[10];
    int num;
    int age;
    char addr[15];
```

```
}stud[SIZE];  /*定义结构*/
main()
{
    int i;
    for(i=0;i<SIZE;i++)
    scanf("%s%d%d%s",stud[i].name,&stud[i].num,
                &stud[i].age,stud[i].addr);
    save();//写入到文件 stu_dat
    display();再从 stu_dat 中读
}
void save()  //从内存数组 stud 写入到文件 stu_dat 中
{   FILE *fp;
    int  i;
    if((fp=fopen(" d:\\sha\\1\\stu_dat ","wb"))==NULL)
    {   printf("cannot open file\n");
      return;
    }
    for(i=0;i<SIZE;i++)
       if(fwrite(&stud[i],sizeof(struct student_type),1,fp)!=1)
        printf("file write error\n");
    fclose(fp);
}
void display()//再从 stu_dat 中读到内存数组 stud 中
{   FILE *fp;
    int  i;
    if((fp=fopen("d:\\sha\\1\\stu_dat","rb"))==NULL)
    {   printf("cannot open file\n");
      return;
    }
    for(i=0;i<SIZE;i++)
    {   fread(&stud[i],sizeof(struct student_type),1,fp);
        printf("%-10s %4d %4d %-15s\n",stud[i].name,
                stud[i].num,stud[i].age,stud[i].addr);
    }
    fclose(fp);
}
```

13.3　实验内容

【基础实验】

1. 设有一文件 cj.dat 存放了 50 个人的成绩（英语、计算机和数学），存放格式为：每人一行，成绩间由逗号分隔。以下程序的功能是计算 3 门课平均成绩，统计个人平均成绩大于或等于 90 分的学生人数。阅读以下程序，完成如下工作。

（1）在程序的空白处，填写正确的语句。

（2）上机编辑、调试程序。

（3）运行程序，给出程序运行结果。

```
#include <stdio.h>
main()
{FILE *fp;
```

```
int num;
float x , y , z , s1 , s2 , s3 ;
_____
{fscanf (fp,"%f,%f,%f",&x,&y,&z);
s1=s1+x;
s2=s2+y;
s3=s3+z;
if((x+y+z)/3>=90)
num=num+1;
}
_____
printf("分数高于 90 的人数为：%.2d",num);
fclose(fp);
}
```

2. 以下程序的功能是统计上题 cj.dat 文件中每个学生的总成绩，并将原有数据和计算出的总分数存放在磁盘文件 "stud" 中。阅读以下程序，完成如下工作。

（1）在程序的空白处，填写正确的语句。

（2）上机编辑、调试程序。

（3）运行程序，给出程序运行结果。

```
#include "stdio.h"
main()
{FILE *fp1,*fp2;
float x,y,z;
fp1=fopen("cj.dat",_____);
fp2=fopen("stud",_____);
while(!feof(fp1))
{fscanf (fp1,"%f,%f,%f",&x,&y,&z);
_____
}
_____
fclose(fp2);
}
```

【提高实验】

编写一个程序，要求从键盘输入 5 个学生记录，记录内容为学生姓名 name、学号 num、两科成绩 score[0] 和 score[1]，程序应能计算出每个学生的总分和平均成绩，并写入名为 test.txt 的文件中。写入成功后，显示全部的记录信息。

13.4　实验小结

1. 掌握文件指针和常用文件操作函数：fopen()、gets()、fwrite()、fclose()、fread()、fseek()、fwrite() 和 rewind() 等。

2. 写出实验报告，实验报告要求如下。

（1）问题分析：写出解决问题的算法思路。

（2）源程序：有源程序的根据要求填空并调试通过，提高实验自行设计调试。

（3）调试记录：记录源程序在上机调试时出现的各种问题及其解决办法。

（4）总结：总结本次实验的经验与教训。

实验 14　影片信息管理系统

14.1　实验目的

通过该实验学会运用 C 语言的综合知识解决实际问题。

14.2　实验指导

根据已学知识设计一个一个影片信息管理系统，实现对影片信息的查询、添加、查找、删除等操作。

（一）需求分析

设计影片信息管理系统，实现对影片信息的查询、添加、查找、删除等操作。确保程序稳定且不能出现错误的结果，而且要选择好的数据结构，减少对存储空间的占用，提高程序的执行效率。其中影片信息主要包括影片编号、影片名称、导演、主演、上映日期、影片评分等内容，可设计结构体代码如下。

```
typedef struct Movie
{
    int id;                 /*影片编号*/
    char name[20];          /*影片名称*/
    char director[10];      /*导演*/
    char actor[20];         /*主演*/
    char date[10];          /*上映日期*/
    float score;            /*影片评分*/
    struct Movie *next;     /*指向下一个节点的指针*/
}Film;
```

（二）系统设计

根据上面的需求分析，初步设计有以下 5 个方面。

（1）录入影片信息。

（2）实现删除功能，即输入影片编号删除相应的数据。

（3）实现查找功能，即输入影片编号查找该影片的相应信息。

（4）实现修改功能，即输入影片编号可以修改相应的信息。

（5）实现统计功能，即可以统计现有影片的数量。

（三）功能设计

1.　显示主菜单模块

程序运行后，首先进入主功能菜单的选择界面，在此展示了程序中的所有功能，以及如何调用相应的功能等，用户可以根据需要输入想要执行的功能，然后进入到子功能中，运行结果如图 2-8 所示。

图 2-8 中的界面效果，主要是使用了 printf 函数在控制台输出文字和特殊的符号。

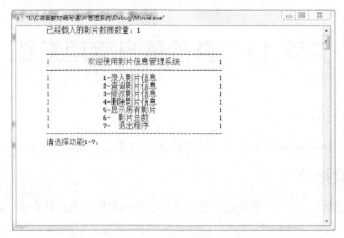

图 2-8 程序启动后显示的主菜单

程序代码如下。

```
printf("\n\n");
printf("\t------------------------------------------------------------\n");
printf("\t|           欢迎使用影片信息管理系统           |\n");
printf("\t------------------------------------------------------------\n");
printf("\t|                  1-录入影片信息                  |\n");
printf("\t|                  2-查询影片信息                  |\n");
printf("\t|                  3-修改影片信息                  |\n");
printf("\t|                  4-删除影片信息                  |\n");
printf("\t|                  5-显示所有影片                  |\n");
printf("\t|                  6-  影片总数                    |\n");
printf("\t|                  7-  退出程序                    |\n");
printf("\t------------------------------------------------------------\n");
printf("\t 请选择功能 1-7: ");
scanf("%d",&cmd);
getchar();
system("cls");
```

在 main 函数中，首先显示主菜单，然后等待用户输入，根据用户的输入做相应的处理，这里主要使用 switch 语句来响应用户的输入。

2. 添加影片信息

在主功能菜单中输入编码 1 就可以进入录入影片信息的模块中，首先会弹出添加影片信息的表头，并提示用户输入影片信息，程序的运行结果如图 2-9 所示。

实现上述功能的代码如下。

```
void insertFilm(Film **head,int Film_id)
{
    Film *p,*q=*head;
    p=(Film*)malloc(LEN);
    p->id=Film_id;
    printf("\t                                              \n");
    printf("\t          ***** 添加影片信息 *****            \n");
    printf("\t                                              \n");
```

```
printf("\t 分配给该影片的编号为:%d\n",Film_id);
printf("\t%s","输入影片名称:\t");
scanf("%s",p->name);
printf("\t%s","输入影片导演:\t");
scanf("%s",p->director);
printf("\t%s","输入影片主演:\t");
scanf("%s",p->actor);
printf("\t%s","输入影片上映时间:\t");
scanf("%s",p->date);
printf("\t%s","输入影片评分:\t");
scanf("%f",&p->score);
p->next=NULL;
if(!q)                      /*链表为空的情况*/
{
    *head=p;               /*令 head 指向新结点*/
}
else                       /*链表不为空的情况*/
{
    while(q->next)         /*遍历到链表尾*/
    {
        q=q->next;
    }
    q->next=p;             /*将新结点插入到链表尾*/
}
}
```

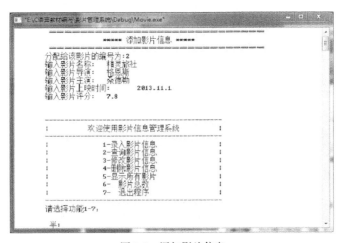

图 2-9　添加影片信息

　　这里传递进插入函数的参数为指向表头指针的指针，和一个作为影片编号的整数。因为若链表为空时需要改变表头指针，令其指向新结点，所以需传递指向表头指针的指针，否则不能改变表头指针的指向。程序中设定一个全局变量用来记录当前影片的编号，每增加一个影片就将编号增加 1，然后传递到函数中作为影片的编号。这个全局变量是初始化文件中所有影片编号的最大值，上述插入操作完成之后就会再次显示主菜单。

　　程序代码 p=（Film*）malloc（LEN）；中 LEN 是在程序开头预定义的：#define LEN sizeof（struct

Movie），这样定义主要是为了方便程序开发。

3. 查询影片信息

在主菜单中输入编码 2 可进入查询影片信息模块，进入模块后要求用户输入影片编号进行查询，如果查询到影片信息则会显示相应内容，如果查询不到则会提示用户没有相关影片的信息，运行结果如图 2-10 和图 2-11 所示。

实现查询模块的功能主要是由查询函数和显示函数实现的，查询函数接入一个链表的头结点指针和一个整数作为参数，整数是影片的编号，若查询成功则返回指向目的影片结点的指针，否则返回 NULL。显示函数以指向影片结点的指针为参数，负责将影片信息按一定格式显示出来。

图 2-10　查询到 4 号影片的信息

图 2-11　查询失败

查询函数的代码如下。

```
Film *findFilm(Film *head,int id)
{
    Film *p=head;
    while(p&&p->id!=id) /*如果 p 不为空并且 p 不是要找的结点*/
    {
        p=p->next;        /*令 p 指向下一个节点*/
```

```
    }
    return p;
}
```

显示函数的代码如下。

```
void printFilm(Film *film)
{
    if(!film)        /*如果指针为空,即不存在该结点*/
    printf("\t%s\n","没有查询到该影片的信息,请检查输入.");
    else             /*若指针不为空则输出影片信息*/
    {
        printf("  编号  名称  导演  主演  上映时间   评分\n");
        printf("---------------------------------------------------\n");
        printf("%d\t%s\t%s\t%s\t%s\t%f\n",film->id,film->name,film->director,
            film->actor,film->date,film->score);
    }
}
```

这里直接将查询函数的结果作为显示函数的结果。printFilm（findFilm（head，id））；为若查询成功则会输出影片信息，否则会输出查找失败的提示信息。

4. 修改影片信息

在主功能菜单中输入编码 3 则可以进入修改学生信息的模块，进入该模块后会弹出修改影片信息的表头，并提示用户输入影片的新信息，如果没有该影片的信息则会给出错误提示，如图 2-12所示。

图 2-12　修改 1 号影片的信息

实现修改影片信息的函数代码如下。

```
void modifyFilm(Film *head,int id)
{
    Film *p=findFilm(head,id);          /*首先查找该 id 号的影片,将结果保存在 p 中*/
    if(p)                               /*如果查找到该影片,则可以修改*/
    {
        printf("\t———————————————————————————————\n");
        printf("\t           ***** 修改影片信息 *****           \n");
```

```
        printf("\t————————————————————————————\n");
        printf("\t 该影片的信息如下：\n");
        printFilm(p);
        printf("\t%s","输入新的影片名称：");
        scanf("%s",p->name);
        printf("\t%s","输入新的导演：");
        scanf("%s",p->director);
        printf("\t%s","输入新的主演：");
        scanf("%s",p->actor);
        printf("\t%s","输入新的上映日期：");
        scanf("%s",p->date);
        printf("\t%s","输入新的评分：");
        scanf("%f",&p->score);
    }
    else                            /*如果查询不到该影片的信息,则给出出错提示*/
    {
        printf("\t 未查询到该影片的信息,请检查输入.\n");
    }
}
```

在该函数中也使用了查找函数，只有要修改的影片存在于链表中时才允许修改，否则就是错误的，给出错误提示。

5. 删除影片信息

在主菜单中输入编码 4 可以进行删除影片信息的操作,进入该模块后会要求输入影片的编号,然后根据编号删除对应的影片信息。

实现删除功能的代码如下。

```
void deleteFilm(Film **head,int id)
{
    Film *q,*p=*head;
    if((*head)->id==id)             /*如果要删除的是头结点*/
    {
        *head=(*head)->next;
        free(p);
    }
    else                            /*若要删除的不是头结点*/
    {
        while(p)                    /*遍历链表寻找要删除的结点*/
        {
            if(p->id==id)
            {
                q->next=p->next;
                free(p);            /*释放内存空间*/
                break;
            }
            q=p;                    /*q为p的前驱结点*/
            p=p->next;
        }
    }
}
```

6. 显示影片总数

显示影片总数实际上就是遍历一遍链表，并计算链表的长度，如图 2-13 所示。

图 2-13　显示影片总数

实现显示影片总数功能的代码如下。

```
int length(Film *head)        /*统计链表长度*/
{
    Film *p=head;
    int count=0;
    while(p)                  /*遍历链表*/
    {
        p=p->next;
        ++count;
    }
    return count;
}
```

7. 显示所有影片的信息

该功能的实现代码如下。

```
void printAll(Film *head)
{
    Film *p=head;
    if(p)              /*链表不为空时才输出表头*/
    {
        printf("  编号 名称 导演 主演 上映时间   评分\n");
        printf("---------------------------------------------------\n");

    }
    while(p)           /*遍历链表,输出每个结点的信息*/
    {
        printf("%d\t%s\t%s\t%s\t%s\t%f\n",p->id,p->name,p->director,
            p->actor,p->date,p->score);
        p=p->next;
    }
}
```

14.3　实验内容

【基础实验】

设计一个小型的超市管理系统,对超市的库存和销售情况进行管理,包括库存和销售两方面,要求如下。

库存应包括商品的货号、名称、类别、总量、库存量上限、库存量下限、进货价格、零售价格、进货日期、进货量、生产日期、生产厂家、保质期等。

销售应包括商品的货号、名称、销售日期、销售价格、销售数量、利润等。

数据以文件形式存放,分解为库存和销售两个文件。

提示:

首先进行资料录入,录入库存和销售基本资料,然后分别存储在两个文件中。其次,对文件中的数据做更新操作(插入、删除、修改),即商品的进货与销售过程。

进货时,则把新的商品信息直接插入库存文件中;若进的是旧商品,根据商品库存量的上限和下限值确定进货的数量,然后将进货后的该商品的相关数据进行修改;如该商品已过保质期,则不再销售,将资料全部删除。

销售时,当有商品被销售时,应首先将销售情况记录到销售文件中的相关信息,然后修改库存文件中的相关信息。然后作查询、统计、排序等操作。最后输出报表。

参考程序源代码如下。

```
#include <stdio.h>
#include <stdlib.h>
#define MAX 20
#define N 3
#define PAGE 3
 /*日期结构体类型*/
typedef struct
{
    int year;
    int month;
    int day;
}DATE;
/*商品结构体类型*/
typedef  struct
{
    int num;                /*商品号*/
    char name[10];          /*商品名称*/
    char kind[10];          /*商品类别*/
    DATE pro_time;          /*生产日期*/
    int save_day;           /*保质期*/
}GOODS;
int read_file(GOODS goods[])
{
    FILE *fp;
    int i=0;
    if((fp=fopen("supermarket.txt","rt"))==NULL)
    {
        printf("\n\n*****库存文件不存在!请创建");
```

```
        return 0;
    }
    while(feof(fp)!=1)
    {
        fread(&goods[i],sizeof(GOODS),1,fp);
        if(goods[i].num==0) break;
        else i++;
    }
    fclose(fp);
    return i;
}
void save_file(GOODS goods[],int sum)
{
    FILE *fp;
    int i;
    if((fp=fopen("supermarket.txt","wb"))==NULL)
    {
        printf("打开文件错误!\n");
        return;
    }
    for(i=0;i<sum;i++)
        if(fwrite(&goods[i],sizeof(GOODS),1,fp)!=1)
            printf("写文件错误!\n");
    fclose(fp);
}
/*输入模块*/
int input(GOODS goods[])
{
    int i=0;
    system("cls");
    printf("\n\n              录入商品信息   (最多%d 种)\n",MAX);
    printf("           ---------------------------\n");
    do
    {
        printf("\n              第%d 种商品",i+1);
        printf("\n           商品号:");
        scanf("%d",&goods[i].num);
        if(goods[i].num==0) break;
        printf("\n           商品名称:");
        scanf("%s",goods[i].name);
        printf("\n           商品类别:");
        scanf("%s",goods[i].kind);
        printf("\n           生产日期(yyyy-mm-dd):");
        scanf("%d-%d-%d",&goods[i].pro_time.year,
              &goods[i].pro_time.month,&goods[i].pro_time.day);
        printf("\n           保质期:");
        scanf("%d",&goods[i].save_day);
        i++;
    }while(i<MAX);
    printf("\n           --%d 种商品信息输入完毕! --\n",i);
    printf("\n           按任意键返回主菜单! ");
    getch();
```

```
            return i;
    }
    /*输出模块*/
void output(GOODS goods[],int sum)
{
    int i=0,j=0,page=1;
     system("cls");
    printf("\n\n      --商品信息表--            第%d 页\n\n",page);
    printf("商品号--商品名称--商品种类--生产日期(年-月-日)--保质期\n");
    printf("---------------------------------------------\n");
    do
    {
        if(goods[i].num!=0)
        {
            j++;
            if(j%PAGE!=0)
            {
              printf("%4d %8s %8s %15d-%2d-%2d %10d\n",goods[i].num,
                  goods[i].name,goods[i].kind,
                  goods[i].pro_time.year,
                  goods[i].pro_time.month,
                  goods[i].pro_time.day,
                  goods[i].save_day);
              printf("-------------------------------------\n");
            }
            else
            {
                printf("按任意键继续!");
                getch();
                 system("cls");
                printf("\n\n  --商品信息表--    第%d 页\n\n",++page);
                printf("商品号--商品名称--商品种类--生产日期(年-月-日)--保质期\n");
                printf("---------------------------------------------\n");
                printf("%4d %8s %8s %15d-%2d-%2d %10d\n",goods[i].num,
                    goods[i].name,goods[i].kind,goods[i].pro_time.year,
                    goods[i].pro_time.month,
                    goods[i].pro_time.day,goods[i].save_day);
                printf("-------------------------------------\n");
            }
        }
        i++;
    }while(goods[i].num!=0);
    printf("按任意键返回主菜单! ");
    getch( );
}
void append()  /*添加信息模块*/
{;}
void modify(GOODS goods[],int sum)
{
    int i=0,choice,modify_num,flag;
  do
   {
    system("cls");
```

```
    printf("\n                         输入要修改的商品号:");
scanf("%d",&modify_num);
  for(i=0;i<sum;i++)
  if(goods[i].num==modify_num)
{
      printf("\n                         --商品信息--\n");
      printf("商品号--商品名称--商品种类--生产日期(年-月-日)--保质期\n");
      printf("-----------------------------------------------\n");
      printf("%4d %8s %8s %15d-%2d-%2d %10d\n",goods[i].num,
          goods[i].name,goods[i].kind,goods[i].pro_time.year,
          goods[i].pro_time.month,goods[i].pro_time.day,goods[i].save_day);
      printf("\n                         您要修改哪一项?\n");
      printf("\n                         1.名称\n");
      printf("\n                         2.种类\n");
      printf("\n                         3.生产日期\n");
      printf("\n                         4.保质期\n");
      printf("\n                         请选择(1-4):");
      scanf("%d",&choice);
      switch(choice)
      {
         case 1: printf("\n                 输入修改后的名称:");
                 scanf("%s",goods[i].name);break;
         case 2: printf("\n                     输入修改后的种类:");
                 scanf("%s",goods[i].kind);break;
         case 3: printf("\n                     输入修改后的生产日期:");
                 scanf("%d-%d-%d",&goods[i].pro_time.year,
                 &goods[i].pro_time.month,
                 &goods[i].pro_time.day); break;
         case 4: printf("\n                     输入修改后的保质期:");
                 scanf("%d",&goods[i].save_day);break;
      }
      printf("\n                     --商品信息--\n");
      printf("商品号--商品名称--商品种类--生产日期(年-月-日)--保质期\n");
      printf("-----------------------------------------------\n");
      printf("%4d %8s %8s %15d-%2d-%2d %10d\n",goods[i].num,
              goods[i].name,goods[i].kind,goods[i].pro_time.year,
              goods[i].pro_time.month,goods[i].pro_time.day,
              goods[i].save_day);
      break;
}
if(i==sum)
{
  printf("\n                 该商品不存在! ");
  bioskey(0);
}
printf("\n\n                 继续修改吗? (Y/N)");
choice=getch();
if (choice=='Y'||choice=='y')
{
  flag=1;
```

```
        printf("\n                    继续!\n");
      }
    else flag=0;
  }while(flag==1);
   printf("\n                    按任意键返回主菜单! ");
   bioskey(0);
}
void del()          /*删除信息模块*/
{;}
void inquire()      /*信息查询模块*/
{;}
void count()        /*信息统计模块*/
{;}
void sort(GOODS goods[],int sum)
{
    GOODS t;
    int i,j,k;
    system("cls");
    printf("\n                         库存排行\n");
    printf("---------------------------------------\n");
    printf("\n 排名   商品号    商品名称    商品类别    库存量\n");
    for(i=0;i<sum;i++)
    {
      k=i;
      for(j=i+1;j<sum;j++)
        if(goods[k].save_day>goods[j].save_day)  k=j;
      if (k!=i)
      {
        t=goods[i];
        goods[i]=goods[k];
        goods[k]=t;
       }
    }
    output(goods,sum);
    bioskey(0);
}
void main()
{
    GOODS goods[MAX];
    int choice, sum;
    sum=read_file(goods);
    if(sum==0)
    {
       printf("并录入基本库存信息! *****\n");
       getch();
       sum=input(goods);
     }
     do
     {
       system("cls");
       printf("\n\n\n        ********超市管理系统********\n\n");
       printf("                1. 添加商品信息\n\n");
```

```
        printf("                   2.修改商品信息\n\n");
        printf("                   3.删除商品信息\n\n");
        printf("                   4.打印库存信息\n\n");
        printf("                   5.查询商品信息\n\n");
        printf("                   6.统计商品信息\n\n");
        printf("                   7.商品排行信息\n\n");
        printf("                   0.退出系统\n\n");
        printf("                   请选择(0-6):");
        scanf("%d",&choice);
        switch(choice)
        {
            case 1: append();             break;
            case 2: modify(goods,sum);    break;
            case 3: del();                break;
            case 4: output(goods,sum);    break;
            case 5: inquire();            break;
            case 6: count();              break;
            case 7: sort(goods,sum);      break;
            case 0:                       break;
        }
    }while(choice!=0);
    save_file(goods,sum);
}
```

14.4　实验小结

设计并实现一个信息管理系统，涉及 C 语言程序基本知识的使用，同时也需要掌握 C 语言高级编程如指针、结构体、文件、链表等基本知识，读者应熟练掌握 C 语言相关综合知识及模块调用等知识，需要实验时自行查阅相关资料，动手实现，反复调试、解决实验中遇到的各种问题。

第 3 部分
C 语言程序设计习题及参考答案

习题1 C 语言程序设计概述

一、选择题

1. 一个完整的可运行的 C 源程序中（　　　）。
   A. 可以有一个或多个主函数
   B. 必须有且仅有一个主函数
   C. 可以没有主函数
   D. 必须有主函数和其他函数

2. 构成 C 语言源程序的基本单位是（　　　）。
   A. 子程序　　　　B. 过程　　　　C. 文本　　　　D. 函数

3. C 语言规定，一个 C 源程序的主函数名必须为（　　　）。
   A. program　　　　B. include　　　　C. main　　　　D. function

4. 下列说法正确的是（　　　）。
   A. 在书写 C 语言源程序时，每个语句以逗号结束
   B. 注释时，"/"和"*"号间可以有空格
   C. 无论注释内容的多少，在对程序编译时都被忽略
   D. C 程序每行只能写一个语句

5. 在 Visual C++ 6.0 开发环境下，C 程序按工程（project）进行组织，每个工程可包括（　　　）C/CPP 源文件，但只能有（　　　）main 函数。
   A. 1 个
   B. 2 个
   C. 3 个
   D. 1 个以上（含 1 个）

6. 下列 4 个变量名中，（　　　）是正确的。
   A. int　　　　B. 8bl　　　　C. s12　　　　D. #jk9

二、判断题（下列各题，请在正确的题后打"√"，错的打"×"）

1. C 语言是一种计算机低级语言。
2. C 语言允许直接访问物理地址，能进行位操作。
3. C 语言是面向对象程序设计语言。
4. C 程序要通过编译、连接才能得到可执行的目标程序。
5. 用 C 语言，可以编写出任何类型的程序。
6. 每一个 C 语言程序允许有多个函数。

7. C 语言的书写格式，允许一行内可以写几个语句。

8. C 语言程序的语句无行号。

9. C 语言程序的每个语句的最后必须有一个分号。

10. 一个完整的 C 语言程序，由一个主函数和若干个其他函数组成，或仅由一个主函数构成。

题解 1　参考答案

一、选择题

1. B（在 C 源程序中，可以有零个或多个自定义函数，但必须有且只能有一个主函数 main()。所以答案为 B。）

2. D（本题考查 C 语言的结构特征。C 语言的源程序是由函数构成的，一个 C 程序至少包含一个 main()函数。因此，正确答案为 D。）

3. C

4. C

5. D，A

6. C

二、判断题

1. ×　　2. √　　3. ×　　4. √　　5. √　　6. √　　7. √　　8. √　　9. √　　10. √

习题 2　基本数据类型与运算符

一、选择题

1. C 语言中最基本的非空数据类型包括（　　　）。
　　A. 整型、浮点型、无值型　　　　　　　　B. 整型、字符型、无值型
　　C. 整型、浮点型、字符型　　　　　　　　D. 整型、浮点型、双精度型、字符型

2. C 语言中运算对象必须是整型的运算符是（　　　）。
　　A. %　　　　　　　B. /　　　　　　　C. =　　　　　　　D. 〈=

3. 若已定义 x 和 y 为 int 类型，则执行了语句 x=1；y=x+3/2；后 y 的值是（　　　）。
　　A. 1　　　　　　　B. 2　　　　　　　C. 2.0　　　　　　　D. 2.5

4. 若有以下程序段

```
int a=1,b=2,c;
c=1.0/b*a;
```

则执行后，c 的值是（　　　）。
　　A. 0　　　　　　　B. 0.5　　　　　　　C. 1　　　　　　　D. 2

5. 能正确表示逻辑关系："a≥10 或 a≤0"的 C 语言表达式是（　　　）。
　　A. a>=10 or a<=0　　　　　　　　　　B. a>=0|a<=10
　　C. a>=10 && a<=0　　　　　　　　　　D. a>=10||a<=0

6. 下列字符序列中，不可用作 C 语言标识符的是（　　　）。

A. xds426   B. No.1   C. _ok   D. zwd

7. 在 printf( )函数中，反斜杠字符'\'表示为（　　）。

     A. \'   B. \0   C. \n   D. \\

8. 设先有定义：

```
int a=10;
```

则表达式 a+=a *=a 的值为（　　）。

     A. 10   B. 100   C. 1000   D. 200

9. 设先有定义：

```
int a=10;
```

则表达式（++a）+（a --）的值为（　　）。

     A. 20   B. 21   C. 22   D. 19

10*. 有如下程序

```
#include <stdio.h>
main( )
{
    int y=3,x=3,z=1;
    printf("%d  %d\n",(++x,y++),z+2);
}
```

运行该程序的输出结果是（　　）。

     A. 3 4   B. 4 2   C. 4 3   D. 3 3

11. 假定 x、y、z、m 均为 int 型变量，有如下程序段：

```
x=2; y=3; z=1;
m=(y<x)?y: x;
m=(z<y)?m:y;
```

则该程序运行后，m 的值是（　　）。

     A. 4   B. 3   C. 2   D. 1

12. 以下选项中合法的字符常量是（　　）。

     A. "B"   B. '\010'   C. 68   D. D

13. 设 x=3，y=4，z=5，则表达式（（x+y）>z）&&（y==z）&&x||y+z&&y+z 的值为（　　）。

     A. 0   B. 1   C. 2   D. 3

14. 如果 a=1，b=2，c=3，d=4，则条件表达式 a<b?a:c<d?c:d 的值为（　　）。

     A. 1   B. 2   C. 3   D. 4

15. 设 int m=1，n=2；则 m++==n; 的结果是（　　）。

     A. 0   B. 1   C. 2   D. 3

二、填空题

1. 表达式 10/3 的结果是＿＿＿＿【1】＿＿＿＿，10%3 的结果是＿＿＿＿【2】＿＿＿＿。

2. 执行语句：int a=12; a+=a-=a*a; 后的值是＿＿＿＿【3】＿＿＿＿。

3. 以下程序的执行结果是＿＿＿＿【4】＿＿＿＿。

```
#include<stdio.h>
main( )
{
```

```
        int a,b,x;
        x=(a=3,b=a--);
        printf("x=%d,a=%d,b=%d\n",x,a,b);
    }
```

4. 以下程序的执行结果是_____【5】_____。

```
#include<stdio.h>
main( )
{
        float f1,f2,f3,f4;
        int m1,m2;
        f1=f2=f3=f4=2;
        m1=m2=1;
        printf("%d\n",(m1=f1>=f2)&&(m2=f3<f4));
}
```

5. 以下程序的执行结果是_____【6】_____。

```
#include<stdio.h>
main()
{
        float f=13.8;
        int n;
            n=(int)f%3;
        printf("n=%d\n",n);
}
```

6*. 以下语句的输出结果是_____【7】_____。

```
short b=65535;
printf("%d",b);
```

三、简答题

1. 字符常量和字符串常量有何区别?
2. 简述转义字符的用途并举实例加以说明。
3. 简述数据类型转换规则并举实例加以说明。
4. 简述输入/输出函数中"格式字符串"的作用。

题解 2　参考答案

一、选择题

1. C　2. A　3. B　4. A　5. D　6. B　7. D　8. D　9. C　10. D　11. C　12. B　13. B
14. A　15. A

二、填空题

1.【1】3　【2】1
2.【3】−264
3.【4】x=3, a=2, b=3
4.【5】0
5.【6】n=1

6. 【7】–1

三、简答题

1. 答：形式上：字符常量是单引号引起的一个字符，字符串常量是双引号引起的若干个字符。

含义上：字符常量相当于一个整型值，可以参加表达式的运算；字符串常量代表一个地址值（该字符串在内存中存放的位置）。

占内存大小：字符常量只占一个字节，字符串常量占若干个字节（至少一个字符结束标志）。

2. 答：通常使用转义字符表示 ASCII 码字符集中不可打印的控制字符和特定功能的字符，其主要用法有以下三个方面。

（1）表示字符常量的单撇号（'）、用于表示字符串常量的双撇号（"）和反斜杠（\）。

（2）用反斜杠（\）后面跟某些特定字符表示不可打印的控制字符和特定功能的字符。

（3）用反斜杠（\）后面跟一个八进制或十六进制数表示任意字符，其中八进制或十六进制数表示要表示字符的对应 ASCII 码值。

例如：\n'表示换行操作，'\\'表示要输出一个反斜杠"\"。

3. 答：（1）输入/输出类型转换，例如：printf（"%d"，'c'）;。

（2）数据类型级别从高到低的顺序是 long double、double、float、usigned long long、long long unsigned long、long、unsigned int、int。一个可能的例外是当 long 和 int 具有相同大小时，unsigned int 级别高于 long，short 和 char 由规则 1 被提升到 int。例如：5/2+3*4.5+2 的运算结果为 17.5，而不是 18。

（3）在赋值语句中，计算结果将被转换为要被赋值的那个变量的类型，这个过程可能导致级别提升（被赋值的类型级别高）或者降级（被赋值的类型级别低），提升通常是一个平滑无损的过程，然而降级可能导致真正的问题。例如：

```
float  a=3.1;
int i;
i=(int)a;
```

则 i 的值为 3。

4. 答：格式字符串由两类项目组成：第一类是显示到屏幕上的字符，第二类是对应每个输出表达式的格式说明符。格式字符串必须用双引号括起来，它表示了输入输出量的数据类型。在 printf 函数中可以在格式控制串内出现非格式控制字符时，显示屏幕上会显示源字符串。在 scanf 函数中也可以在格式控制串内出现非格式控制符，这时会将输入的数据以该字符为分隔。

习题 3　顺序结构程序设计

一、选择题

1. 结构化程序模块不具有的特征是（　　　）。

    A. 只有一个入口和一个出口

    B. 要尽量多使用 goto 语句

    C. 一般有顺序、选择和循环 3 种基本结构

    D. 程序中不能有死循环

2. （　　　）是正确的赋值语句。

    A．10=K;　　　　　　　　　　　　　　B．K=K*15;

    C．K+47=K　　　　　　　　　　　　　　D．K=7=6+1

3. C 语言程序总是从（　　　）开始执行。

    A．第一条语句　　　　　　　　　　　　B．第一个函数

    C．main 函数　　　　　　　　　　　　　D．#include <stdio.h>

4. 设有 int y=0;，执行语句 y=5，y*2；后变量 y 的值是（　　　）。

    A．0　　　　　　　B．5　　　　　　　C．10　　　　　　　D．20

5. 设有 float a=7.5，b=3.0;，则表达式（int）a/（int）b 的值是（　　　）。

    A．2.4　　　　　　B．2.5　　　　　　C．3　　　　　　　D．2

6. 以下能正确判断字符型变量 k 的值是小写字母的表达式是_____。

    A．k>=a || k<=z　　　　　　　　　　　B．k>='a' || k<='z'

    C．k>="a" && k<="z"　　　　　　　　　D．k>='a' && || k<='z'

7. 对下面的程序，描述正确的是_____。

```
#include"stdio.h"
void main()
{
    int x=3,y=5;
    if (x=y-4)  printf("*");
    else  printf("#");
}
```

    A．有语法错误

    B．输出*

    C．可以通过编译，但是不能通过连接，因而不能运行

    D．输出#

8. 以下程序的运行结果为（　　　）。

```
#include <stdio.h>
main( )
{
    int sum,pad;
    sum=pad=5;
    pad=sum++;
    pad++;
    ++pad;
    printf("%d\n", pad);
}
```

    A．7　　　　　　　B．6　　　　　　　C．5　　　　　　　D．4

9. 以下程序的运行结果为（　　　）。

```
#include <stdio.h>
main()
{
    int a=2,b=10;
    printf("a=%%d,b=%%d\n", a,b);
}
```

    A．a=%2，b=%10　　　　　　　　　　　B．a=2，b=10

C.　a=%%d，b=%%d　　　　　　　　　D.　a=%d，b=%d

二、填空题

1.　下面程序的功能是计算 n!。

```
#include <stdio.h>
main ( )
{
    int  i, n;
    long  p;
    printf ( "Please input a number:\n" );
    scanf ("%d", &n);
    p=_____【1】_____;
    for (i=2; i<=n; i++)
    _____【2】_____;
    printf("n!=%ld", p);
}
```

2.　设有 int a=65;，执行语句 printf("%x\n",a);后的输出结果是_____【3】_____。

3.　已知 char c='d';，则 printf ("%c"，'A'+ ('e'-c)); 的输出结果是_____【4】_____。

4.　已知字符'A'的 ASCII 码值为十进制 65，则执行语句 printf ("%d"，'A'+2); 后，输出结果是_____【5】_____。

三、编程题

从键盘输入一个小写字母，用大写形式输出该字母。

题解 3　　参考答案

一、选择题

1. B　2. B　3. C　4. B　5. D　6. C　7. B　8. A　9. D

二、填空题

1.【1】1　【2】p=p*i

2.【3】41

3.【4】B

4.【5】67

三、编程题

解题思路如下。

输入小写字母存入变量 a;，转换成大写 a = a-32;，输出 a。

程序如下。

```
#include"stdio.h"
void main()
{   char a;
    printf("input a letter:");
    a=getchar( );
    a=a>='a'&&a<='z'?a-32:a;
    printf("%c\n",a);
}
```

习题 4　选择结构程序设计

一、选择题

1. C 语言中，逻辑"真"等价于（　　）。

    A. 整数 1　　　　　　B. 整数 0　　　　　　C. 非 0 数　　　　　　D. TRUE

2. 以下 4 条语句中，有语法错误的是（　　）。

    A. if（a>b）m=a;　　　　　　　　　　B. if（a<b）m=b;

    C. if（（a=b）>=0）m=a;　　　　　　D. if（（a=b;）>=0）m=a;

3. 设有 int x, y, z;，则选项中能将 x, y 中较大者赋给变量 z 的语句是（　　）。

    A. if（x>y）z=y;　　　　　　　　　　B. if（x<y）z=x;

    C. z=x>y?x:y;　　　　　　　　　　D. z=x<y?x:y;

4. 运行下列程序

```
#include <stdio.h>
void main()
{
    char c= y ;
    if(c>= x )printf("%c",c);
    if(c>= y )printf("%c",c);
    if(c>= z )printf("%c",c);
}
```

输出结果是（　　）。

    A. y　　　　　　　　B. yy　　　　　　　　C. yyy　　　　　　　　D. xy

5. 下列叙述中正确的是（　　）。

    A. 在 switch 语句中，不一定使用 break 语句

    B. break 语句必须与 switch 语句中的 case 配合使用

    C. 在 switch 语句中必须使用 default

    D. break 语句只能用于 switch 语句

6. 执行以下程序后，输出结果是（　　）。

```
#include<stdio.h>
void main()
{
    int n=9;
    while(n>6)
    {
        n--;
        printf("%d",n);
    }
}
```

    A. 987　　　　　　B. 9876　　　　　　C. 8765　　　　　　D. 876

二、填空题

1. 下面的程序完成两个数的四则运算。用户输入一个实现两个数的四则运算的表达式，程序

采用 switch 语句对其运算进行判定后执行相应的运算并给出结果。

```c
#include <stdio.h>
main( )
{
    float x,y;
    char op;
    printf("Please input Expression:");
    scanf("%f%c%f",&x,&op,&y);
    _____【1】_____
    {
        case '+':
            printf("%g%c%g=%g\n",_____【2】_____);
            _____【3】_____;
        case '-':
            printf("%g%c%g=%g\n",x,op,y,x-y);
            break;
        case '*':
            printf("%g%c%g=%g\n",x,op,y,x*y);
            break;
        case '/':
            if (_____【4】_____)
                printf("Division Error!\n");
            else
                printf("%g%c%g=%g\n",x,op,y,x/y);
            break;
        default:printf("Expression Error!\n");
    }
}
```

2. 判断整型变量 a 能被 7 整除的表达式为_____【5】_____。

3. 以下程序的运行结果是_____【6】_____。

```c
#include <stdio.h>
void main()
{
    int grade=95;
    switch(grade/10)
    {
        default: printf("D\n"); break;
        case 6:printf("C\n"); break;
        case 7:
        case 8:printf("B\n"); break;
        case 9:
        case 10:printf("A\n"); break;
    }
}
```

三、编程题

1. 给出三角形的三边 a、b、c，求三角形的面积。（应先判断 a、b、c 三边是否能构成一个三角形）

2. 输入一元二次方程的 3 个系数 a、b、c，求出该方程所有可能的根。

题解 4　参考答案

一、选择题

1. D　2. D　3. C　4. B　5. A　6. D

二、填空题

1. 【1】switch　【2】x，op，y，x+y　【3】break　【4】y==0
2. 【5】a%7==0
3. 【6】9

三、编程题

1.
```c
#include "math.h"
main()
{
    float a,b,c,s,area;
    printf("请输入三个边长：\n");
    scanf("%f%f%f",&a,&b,&c);
    if(a+b>c&&b+c>a&&a+c>b)
    {
    s=1.0/2*(a+b+c);
    area=sqrt(s*(s-a)*(s-b)*(s-c));
    printf("a=%f, b=%f, c=%f, s=%f\n",a,b,c,s);
    printf("area=%f\n",area);
    }
    else
        printf("不能构成三角形! ");
}
```

2.
```c
#include "math.h"
main()
{
float a,b,c,delta,x1,x2;
printf("Enter a,b,c");
scanf("%f%f%f",&a,&b,&c);
if(a==0)
   if(b==0)
     printf("Input error!\n");
   else
     printf("The single root is%f\n",-c/b);
else
{  delta=b*b-4*a*c;
   if(delta>0)
   {  x1=(-b+sqrt(delta))/(2*a);
      x2=(-b-sqrt(delta))/(2*a);
      printf("x1=%f\nx2=%f\n",x1,x2);
   }
   else
     if(delta==0)
        printf("x1=x2=%f\n",-b/(2*a));
     else
```

```
        printf("没有实根! ");
    }
}
```

习题 5   循环结构程序设计

一、选择题

1. 以下程序段，执行结果为（   ）。

```
a=1;
do
{
    a=a*a;
}while(!a);
```

    A. 循环体只执行一次   B. 循环体执行二次

    C. 是无限循环   D. 循环条件不合法

2. 若 i, j 均为整型变量，则以下循环（   ）。

```
for  (i=0,j=2; j=1; i++,j--)
    printf("%5d, %d\n", i, j);
```

    A. 循环体只执行一次   B. 循环体执行二次

    C. 是无限循环   D. 循环条件不合法

3. C 语言中 while 与 do～while 语句的主要区别是（   ）。

    A. do～while 的循环体至少无条件执行一次

    B. do～while 允许从外部跳到循环体内

    C. while 的循环体至少无条件执行一次

    D. while 的循环控制条件比 do～while 的严格

4. 语句 while（!a）; 中条件等价于（   ）。

    A. a!=0   B. ～a   C. a==1   D. a==0

5. 以下程序的运行结果为（   ）。

```
#include <stdio.h>
main( )
{
    int i=1,sum=0;
    while(i<=100)
        sum+=i;
        i++;
    printf("1+2+3+...+99+100=%d", sum);
}
```

    A. 5050   B. 1   C. 0   D. 程序陷入死循环

6. 为了避免嵌套的 if-else 语句的二义性，C 语言规定 else 总是（   ）。

    A. 与缩排位置相同的 if 组成配对关系

    B. 与在其之前未配对的 if 组成配对关系

    C. 与在其之前未配对的最近的 if 组成配对关系

D．与同一行上的 if 组成配对关系

7．对于 for（表达式 1；；表达式 3）可理解为（　　　）。

A．for（表达式 1；0；表达式 3）

B．for（表达式 1；1；表达式 3）

C．for（表达式 1；表达式 1；表达式 3）

D．for（表达式 1；表达式 3；表达式 3）

8．执行以下程序段后，输出结果是＿＿＿＿＿。

```
int i, s=0;
for (i=1; i<=6; i++)
{
        if (i%2==0) continue;
        s+=i;
}
printf("%d\n",s);
```

A．21　　　　　　B．9　　　　　　C．12　　　　　　D．6

9．已知 int i=5；，则执行语句 while（i<8）i+=2；后，变量 i 的值是＿＿＿＿＿＿。

A．5　　　　　　B．7　　　　　　C．8　　　　　　D．9

10．执行以下程序后，输出结果为＿＿＿＿＿＿。

```
#include<stdio.h>
void main()
{
        int i,s=0;
        for(i=1;i<=6;i++)
        {
                if(i%3==0)
                        break;
                s+=i;
        }
        printf("%d\n",s);

}
```

A．3　　　　　　B．6　　　　　　C．12　　　　　　D．21

二、填空题

1．下面程序的功能是：从键盘上输入若干学生的成绩，统计并输出最高和最低成绩，当输入负数时结束输入。

```
#include <stdio.h>
main ( )
{
    float  score, max, min;
    printf ( "Please input one score:\n" );
    scanf ("%f", &score);
    max=min=score;
    while (_____【1】_____)
    {
        if (score>max)  max=score;
        if (_____【2】_____)
            min=score;
```

```
        printf ( "Please input another score:\n" );
        scanf ("%f", &score);
    }
    printf("\nThe max score is %f\nThe min score is %f", max, min);
}
```

2. do {…} while（表达式）；循环至少执行 ＿＿＿＿＿＿【3】＿＿＿＿＿ 次。

3. 以下程序的运行结果为＿＿＿＿＿【4】＿＿＿＿＿。

```
#include <stdio.h>
void main()
{  int i,j;
   for(i=2;i<10;i++)
   {  for(j=2;j<i;j++)
            if(i%j==0)break;
      if(j>=i)printf("%2d",i);
   }
   printf("\n");
}
```

4. 已知 int x；for（x=10；x>4；x--）；则该循环共执行＿＿＿＿＿＿【5】＿＿＿＿＿＿次。

5. 执行以下程序后，输出结果是＿＿＿＿＿【6】＿＿＿＿＿。

```
#include<stdio.h>
void main()
{
    int a=3,b=-1,c=1;
    if(a<b)
        if(b<0) c=0;
        else c++;
    printf("%d\n",c);
}
```

三、编程题

1. 编程求 1！+2！+3！+…+10！。

2. 编程打印出所有的"水仙花数"。水仙花数是指一个三位数，其各位数字的立方之和等于该数。

3. 如果一个数等于其所有真因子（不包括其本身）之和，则该数为完数。例如，6 的因子有 1、2、3，且 6=1+2+3，故 6 为完数，求 2～1 000 中的完数。

4. 输出 1～1 000 中的所有素数，统计其个数并求出它们的和。

题解5 参考答案

一、选择题

1．A 2．A 3．A 4．D 5．A 6．C 7．B 8．B 9．D 10．A

二、填空题

1．【1】score>=0 【2】score<min

2．【3】1

3．【4】2 3 5 7

4. 【5】6

5. 【6】1

三、编程题

1.
```c
#include<stdio.h>
int main()
{
    int i,j,sum=0,a;
    for(i=1;i<=10;i++)
    {
        a=1;
        for(j=1;j<=i;j++)
            a*=j;
        sum+=a;
    }
    printf("sum=%d\n",sum);
    return 0;
}
```

2.
```c
#include "stdio.h"
main()
{
    int i,j,k,num;
    printf("水仙花数为:");
    for(num=100;num<1000;num++)
    {
        i=num/100;
        j=num/10%10;
        k=num%10;
        if(num==i*i*i+j*j*j+k*k*k)
        {
            printf("%-5d",num);
        }
    }
    printf("\n");
    return 0;
}
```

3.
```c
main()
{
    int i,j,sum=1;
    for(i=2;i<=1000;i++)
    {
        sum=1;
        for(j=2;j<i;j++)
        {
            if( i%j==0)
                sum+=j;
        }
        if(i==sum)
            printf("%3d\n",i);
    }
}
```

```
4. main()
   {
       int  x,i,count=0,sum=0;
       for(x=2;x<=1000;x++)
       {
           for(i=2;i<x;i++)
               if(x%i==0)
                   break;
           if(x==i)
           {
               printf("%6d",x);
               count++;
               sum+=i;
           }
       }
       printf("count=%d,sum=%d\n",count,sum);
   }
```

习题 6 函数

一、选择题

1. C 语言中函数形参的缺省存储类型是（   ）。

   A. 静态（static）   B. 自动（auto）

   C. 寄存器（register）   D. 外部（extern）

2. 函数调用语句 function（（exp1，exp2+7））中含有的实参个数为（   ）。

   A. 0   B. 1   C. 2   D. 3

3. 下面函数返回值的类型是（   ）。

```
FUN(float x)
{
    return x*x;
}
```

   A. 与参数 x 的类型相同   B. void 型

   C. 无法确定   D. int 型

4. 要想在程序中使用 sqrt( )库函数，必须在文件头部加（   ）语句。

   A. #include <stdio.h>   B. #include <math.h>

   C. #include <stdlib.h>   D. #include <string.h>

5. 一个函数返回值的类型取决于（   ）。

   A. return 语句中表达式的类型   B. 调用函数时临时指定

   C. 定义函数时指定或缺省的函数类型 D. 调用该函数的主调函数的类型

6. 下面叙述中，正确的是（   ）。

   A. 函数的定义可以嵌套，但函数调用不能嵌套

   B. 为了提高程序执行效率，编写程序时应该适当使用注释

   C. 变量定义时若省去了存储类型，系统将默认其为静态型变量

D．函数中定义的局部变量的作用域在函数内部

7．在一个源程序文件中定义的全局变量的有效范围为（　　　）。

  A．一个 C 程序的所有源程序文件　　　B．该源程序文件的全部范围

  C．从定义处开始到该源程序文件结束　D．函数内全部范围

8．某函数在定义时指明函数返回值类型为 int，但函数中 return 语句中返回值的类型为 char，若调用该函数，则正确的说法是（　　　）。

  A．没有返回值　　　　　　　　　　　B．返回值类型为 int

  C．返回值类型为 char　　　　　　　　D．返回一个不确定的值

9．某 C 程序由一个主函数 main() 和一个自定义函数 max() 组成，则该程序（　　　）。

  A．总是从 max() 函数开始执行　　　　B．写在前面的函数先开始执行

  C．写在后面的函数先开始执行　　　　D．总是从 main() 函数开始执行

10．下面正确的叙述是（　　　）。

  A．在某源程序不同函数中全局变量和局部变量重名时，都以全局变量的值为准

  B．函数中的形式参数是外部变量

  C．在函数内定义的变量只在整个源程序都有效

  D．在函数内的复合语句中定义的变量只在这个复合语句中有效

二、填空题

1．求 $s=1!+2!+3!+\cdots+10!$。

程序如下。

```c
#include <stdio.h>
long int factorial(int n)
{
    int k=1;
    long int p=1;
    for(k=1; k<=n; k++)
        p=p*k;
        【1】    ;
}
main( )
{
    int n;
    float sum=0;
    for(n=1;n<=10;n++)
        sum=sum+factorial(n);
    printf("%6.3f\n", 【2】);
}
```

2．下面的程序是求表达式

$s=1+1/3+（1*2）/（3*5）+（1*2*3）/（3*5*7）+\cdots+（1*2*3*\cdots*n）/（3*5*7*\cdots（2*n+1））$

的值。请将程序补充完整，并给出当 n=20 时，程序的运行结果（按四舍五入保留 10 位小数）。

```c
#include <stdio.h>
#include <math.h>
double fun(int n)
{ double s, t; int i;
    【3】
    t=1.0;
```

```
    for(i=1;i<=n; i++)
    { t=t*i/(2*i+1);
    _____【4】_____
    }
    return s;
}
main()
{printf("\n %12.10lf", fun(20));
}
```

三、程序阅读题

1. 下面程序运行的结果是_____。

```c
#include <stdio.h>
#define MAX_COUNT 5
void fun( );
main( )
{
    int n;
    for(n=1; n<=MAX_COUNT; n++)
        fun( );
}
void fun( )
{
    static int k;
    k=k+1;
    printf ("%2d,", k);
}
```

2. 下面程序运行的结果是_____。

```c
int x=1,y=2;
sub(int y)
{ x++;
y++;
}
main()
{ int x=2;
sub(x);
printf("x+y=%d",x+y);
}
```

3. 下面程序运行的结果是_____。

```c
#define SUB(x,y)(x)*y
main()
{ int a=3,b=4,c;
c=SUB(a++,b++);
printf("%d,%d,%d\n",a,b,c);
}
```

4. 下面程序运行的结果是_____。

```c
#define y 1
```

```
main()
{ int x=1;
printf("x=y: %d,x==y: %d,'x'=='y': %d\n",x=y,x==y,'x'=='y');
}
```

5. 下面程序运行的结果是_____。

```
#define N 2
#define M N+1
#define NUM(M+1)*M/2
main()
{ int i,n=0;
for(i=1;i<=NUM;i++)
{n++;printf("%d",n);}
}
```

四、编程题

1. 已知 Fibonacci 数列为 1，1，2，3，5，8，13，…，试用递归法编写求 Fibonacci 数的函数，在主函数中输入一个自然数，输出不小于该自然数的最小的一个 Fibonacci 数。

2. 已知某数列为：

$F(0) = F(1) = 1$

$F(2) = 0$

$F(n) = F(n-1) - 3F(n-2) + 2F(n-3) (n>2)$

求 $F(0)$ 到 $F(10)$ 中的最大值和最小值及值等于 0 的个数。

3. 编写函数 digit（n，k），它返回数 n 从右边开始的第 k 个数字的值。例如：digit（123456，3）返回值为 4，digit（123，4）返回值为-1。

4. 试用递归的方法编写一个返回长整型的函数，以计算斐波纳契数列的前 20 项。该数列满足：$F(0) = 1$，$F(1) = 1$，$F(n) = F(n-1) + F(n-2) (n>2)$。

5. 如果一个数等于其所有真因子（不包括其本身）之和，则该数为完数，例如，6 的因子有 1、2、3，且 6=1+2+3，故 6 为完数，求 2～999 中的完数。

题解 6　参考答案

一、选择题

1. B（在各个函数或复合语句内定义的变量，称为局部变量或自动变量。自动变量用关键字"auto"进行标识，可缺省。正确答案为 B。）

2. B（调用函数时。实参可以是常量、变量和表达式等，本题中的唯一一个参数是一个逗号表达式，所以实参的值就是逗号表达式中最后一个表达式的值 exp2+7。）

3. D（当默认函数类型定义时，系统默认函数类型为 int。）

4. B（sqrt()是数学函数。）

5. C（函数无返回值，必须定义为 void；函数有返回值，则一般要定义其类型，默认时类型为 int。）

6. D（A 中描述恰恰相反，B 中是为了提高可读性，C 中变量定义时若省去了存储类型，系统将默认其为自动型（auto）变量。）

7. C（全局变量的作用域一般是从全局变量定义点开始，直至源程序结束。在定义点之前或别的源程序中要引用该全局变量，则在引用该变量之前，需进行外部变量的引用说明。故正确答案为 C。）

8. B（当定义的返回值和实际 return 的类型有冲突时，则以定义为准，故正确答案为 B。）

9. D

10. D（局部变量和全局变量重名，在所在函数内部局部变量会屏蔽全局变量。）

二、填空题

1. 根据分析可知，空【1】是要返回阶乘值，而空【2】要实现把各个阶乘值累加和输出。因此，正确答案如下：

【1】return p

【2】sum

2.

【3】s=1;

【4】s=s+t;

三、程序阅读题

1. 运行结果是：1 2 3 4 5

2. 运行结果是：x+y=4

3. 运行结果是：4，5，12

4. 运行结果是：x = y: 1, x = = y: 1, 'x' = = 'y': 0

5. 运行结果是：12345678

四、编程题

1. 程序如下。

```
fib(int n)                    /*Fibonacci 数列的特点是后一项是前两项之和*/
{ int f;
if(n = = 1 || n = = 2)f = 1;
else f = fib(n-1) + fib(n-2);
return f;
}
main()
{ int i,m,result;
printf("请输入一个自然数：");
scanf("%d",&m);
i = 1;
while((result = fib(i))<m)i + + ;
printf("满足条件的 Fibonacci 数为%d\n",result);
}
```

运行结果为：

请输入一个自然数：88✓

满足条件的 Fibonacci 数为 89

2. 程序如下。

```
f(int n)
{ int c;
if(n= =0‖n= =1)c=1;
else if(n= =2)c=0;
else c=f(n-1)-3]
}
main()
{ int i,max,min,zero=0;
max=min=f(0);
for(i=0;i<=10;i++)
{ if(max<f(i))max=f(i);
if(min>f(i))min=f(i);
if(f(i)= =0)zero++;
}
printf("最大值为：%d,最小值为：%d,值为 0 的数有%d 个\n",max,min,zero);
}
```

运行结果为：

最大值为：31,最小值为：-11,值为 0 的数有 2 个

3. 程序如下。

```
digit(n,k)
long n;
int k;
{ int i=1;
while(i<k&&n!=0)
{n=n/10;i++;}
if(n= =0)return-1;
else return(n%10);
}
main()
{ long x;
int m;
printf("请输入一个整数 x 和要返回的数字位数 m：");
scanf("%ld,%d",&x,&m);
printf("结果为：%d\n",digit(x,m));
}
```

4. 程序如下。

```
#include <stdio.h>
long int Fibonacci (int n)
{
    long int p;
    if(n==0||n==1)  p=n;
    else p= Fibonacci (n-1)+ Fibonacci (n-2);
    return  p;
}
main( )
{
    int n;
    for(n=1; n<=20; n++)
```

```
    {
        printf("%8ld", Fibonacci (n));
        if((n+1)%8==0)  printf("\n");
    }
}
```

5. 程序如下。

```
#include <stdio.h>
int IsWanshu(int n)
{
    int k, s=0;
    for(k=1; k<n; k++)
        if(n%k==0)  s=s+k;
    if(s==n)
        return 1;
    else
        return 0;
}
main( )
{
    int i, j=0;
    for(i=2; i<1000; i++)
    {
        if(IsWanshu(i))
        {
            printf("%5d", i);
            j=j+1;
            if(j%5==0)  printf("\n");/*每一行打印五个元素*/
        }
    }
}
```

习题 7 数组

一、选择题

1. 以下能正确定义一维数组的是（   ）。

   A. int a[ ];

   B. int a[]={ 1, 2, 3, 4 };

   C. int n=3; int a[n];

   D. int a[3]={{1}, {2}, {3, 4}};

2. 若已有定义：int i, a[100];，则下列语句中，正确的是（   ）。

   A. for（i=0; i<100; i++）a[i]=i;

   B. for（i=0; i<100; i++）scanf（"%f", &a[i]）;

   C. scanf（"%d", &a）;

   D. for（i=0; i<100; i++）scanf（"%d", &a+i）;

3. 与定义 char c[ ]={"GOOD"}; 不等价的是（   ）。

   A. char c[ ]={ 'G', 'O', 'O', 'D', '\0'};   B. char c[ ]="GOOD";

   C. char c[4]={"GOOD"};

   D. char c[7]={ 'G', 'O', 'O', 'D', '\0'};

4. 若已有定义：char c[8]={"computer"};，则下列语句中，不正确的是（   ）。

A．puts（c）；

B．for（i=0；c[i]!='\0'；i++）printf（"%c"，c[i]）；

C．printf（"%s"，c）；

D．for（i=0；c[i]!='\0'；i++）putchar（c）；

5. 若定义，int a[ ][4]={0，1，2，3，4，5，6，7，，8，9}；，则 a 数组中行的大小是（　　　）。

A．2　　　　　　　B．3　　　　　　　C．4　　　　　　　D．无确定值

6. 当接受用户输入的含空格的字符串时，应使用函数（　　　）。

A．scanf()　　　　B．gets()　　　　C．getchar()　　　　D．getc()

7. 若执行以下程序段，其运行结果是（　　　）。

```
char c[ ]={'s', 'o', '\0', 's', '\0'};
printf ( "%s\n", c );
```

A．so s　　　　　B．'s"o'　　　　　C．sos　　　　　D．so

8. 数组名作为参数传递给函数，作为实际参数的数组名被处理为（　　　）。

A．该数组长度　　　　　　　　B．该数组元素个数

C．该函数中各元素的值　　　　D．该数组的首地址

9. 执行下面的程序段后，变量 k 中的值为（　　　）。

```
int k s[2]={1};
k=s[1]*5;
```

A．不确定值　　　　B．15　　　　　C．5　　　　　D．0

10. 在定义

```
int a[3][4][5];
```

之后，对 a 的引用正确的是（　　　）。

A．a[2][4][5]　　　　B．a[1][0][5]　　　　C．a[0][0][1]　　　　D．a[1，2，3]

二、填空题

1. 以下程序用来检查二维数组是否对称（即：对所有 i，j 都有 a[i][j]=a[j][i]）。

```
#include <stdio.h>
main ( )
{
    int a[4][4]={1,2,3,4, 2,2,7,6, 3,7,3,7, 8,6,7,4};
    int i, j, found=0;
    for ( j=0; j<4; j++ )
    {
        for (i=0; i<4; i++ )
            if ( _____【1】_____ )
            {
                found= _____【2】_____ ;
                break;
            }
        if (found) break;
    }
    if (found)   printf ("不对称\n");
        else   printf("对称\n");
}
```

2. 以下程序是用来输入 10 个整数, 并存放在数组中, 找出最大数与最小数所在的下标位置, 并把两者对调, 然后输出调整后的数组。

```c
#include <stdio.h>
main ( )
{
    int a[10], i, max, min;
        【3】
    for ( i=0; i<10; i++ )
        scanf ( "%d", &a[i] );
    min=max=0;
    for ( i=1; i<10; i++ )
    {
        if(____【4】____)min=i;
        if ( a[i]>a[max] )    ____【5】____ ;
    }
    printf ( "最小数的位置是:%3d\n", min );
    printf ( "最大数的位置是:%3d\n", max );
    t=a[max];
        ____【6】____ ;
    a[min]=t;
    printf ( "调整后的数为: " );
    for ( i=0; i<10; i++ )
        printf ( "%d ", a[i] );
    printf ("\n");
}
```

3. 以下程序的功能是从键盘上输入若干个字符 (以回车键作为结束) 组成一个字符数组, 然后输出该字符数组中的字符串, 请填空。

```c
#include<stdio.h>
main ( )
{
    char  str[81];
    int i;
    for ( i=0; i<80; i++ )
    {
        str[i]=getchar( );
        if (str[i]==  ____【7】____ )  break;
    }
    str[i]= '\0';
        ____【8】____ ;
    while ( str[i]!= '\0' ) putchar(____【9】____);
}
```

三、程序阅读题

1. 写出下列程序的运行结果并分析。

```c
#include <stdio.h>
main( )
{
    static int a[4][5]={{1,2,3,4,0},{2,2,0,0,0},{3,4,5,0,0},{6,0,0,0,0}};
    int j,k;
```

```
    for (j=0;j<4;j++)
    {
        for(k=0;k<5;k++)
        {
            if (a[j][k]==0)break;
            printf(" %d",a[j][k]);
        }
    }
    printf("\n");
}
```

2. 写出下列程序的运行结果并分析。

```
#include <stdio.h>
main ( )
{
    int  a[6][6],i,j;
    for (i=1 ;i<6 ; i++)
        for ( j=1;j<6;j++)
            a[i][j]= i*j;
    for (i=1 ;i<6 ; i++)
    {
        for ( j=1;j<6;j++)
            printf( " %-4d " ,a[i][j]);
        printf("\n");
    }
}
```

3. 写出下列程序的运行结果并分析。

```
#include <stdio.h>
main ( )
{
    int a[ ]={1,2,3,4},i,j,s=0;
    j=1;
    for ( i=3;i<=0;i-- )
    {
        s=s+a[i] *j;
        j=j*10;
    }
    printf("s=%d\n",s);
}
```

4. 写出下列程序的运行结果并分析。

```
#include <stdio.h>
main( )
{
    int a[]={0,2,7,8,12,17,23,37,60,67};
    int x=17,i,n=10,m;
    i=n/2+1;
    m=n/2;
    while(m!=0)
    {
        if(x<a[i])
        {
```

```
            i=i-m/2-1;
            m=m/2;
        }
        else
            if(x>a[i])
            {
                i=i+m/2+1;
                m=m/2;
            }
            else
                break;
    }
    printf("place=%d",i+1);
}
```

5. 写出下列程序的运行结果并分析。

```
#include <stdio.h>
main( )
{
    int a[]={1,2,3,4},i,j,s=0;
    j=1;
    for(i=3;i>=0;i--)
    {
        s=s+a[i]*j;
        j=j*10;
    }
    printf("s=%d\n",s);
}
```

6. 写出下列程序的运行结果并分析。

```
#include <stdio.h>
main( )
{
    char str[]={"1a2b3c"};
    int i;
    for(i=0;str[i]!='\0';i++)
        if(str[i]>='0'&&str[i]<='9')
            printf("%c",str[i]);
    printf("\n");
}
```

四、编程题

1. 编写程序求[3，500]之间同构数之和，用数组保存每个同构数。一自然数平方的末几位与该数相同时，称此数为自同构数，例如：5×5=25，则称 5 为自同构数。

2. 编写一程序，实现两个字符串的连接（不用 strcat() 函数）。

3. 编写程序，判断一字符串是否为回文。回文即顺读和逆读都一样的字符串，如 123321，level。

4. 定义：int a[3][4] = { { 1，2，3，4 }，{7，6，7，8 }，{9，10，11，12 } }；现要编程将 a 的行和列的元素互换后存到另一个二维数组 b 中。

5. 从键盘输入 5 个字符串，找出一个最长的字符串。

6. 输入一行字符，统计其中有多少个单词，单词之间用空格隔开。

7. 将两个按升序排列的整型数组进行合并，合并后存入第三个数组中，并仍旧按照升序排列。

题解 7　参考答案

一、选择题

1. B（A 中无法判断数组元素个数，C 中数组元素个数不可以为变量，D 是对二维数组的定义。）

2. A（C 错，a 数组元素为整型，不可用 %f 输入；数组名 a 代表数组首地址，前面也不用加地址符。）

3. C（因为 C 中定义的数组长度不够 5。）

4. D（如果 D 中把语句 putchar（c）改成 putchar（c[i]）就正确了。）

5. B（一共 10 个数，每行 4 个，所以应该 3 行。）

6. B

7. D（因为输出时遇 "\0" 字符结束。）

8. D

9. D

10. C

二、填空题

1.【1】a[i][j]!=a[j][i]　【2】1

2.【3】int t；【4】a[min]>a[i]【5】max=i　【6】a[max]=a[min]

3.【7】'\n'；【8】i=0　【9】str[i++]

三、程序阅读题

1. 1　2　3　4　2　2　3　4　5　6

2.

```
1    2    3    4    5
2    4    6    8    10
3    6    9    12   15
4    8    12   16   20
5    10   15   20   25
```

3. s=0

4. place=6

5. s=1　2　3　4

6. 1　2　3

四、编程题

```
1.  #include <stdio.h>
main()
{
  long sum,n,m,s,k,a[200],i;
  sum=0;
  for (n=3,i=0;n<=500;n++)
```

```
    {
      if (n<10)  k=10;
        else
         if (n<100)  k=100;
           else  k=1000;
         s=n*n;
          s=s-n;
    if (s%k==0)
       {a[i]=n;i++;
        sum=sum+n;
        }
      }
   printf("\n The sum = %d",sum);
 }
```

2.
```
#include<stdio.h>
main( )
{
    char str1[50],str2[50];
    int i=0,j=0;
    printf("请输入字符串 1: ");
    scanf("%s",str1);
    printf("请输入字符串 2: ");
    scanf("%s",str2);
    while(str1[i]!='\0') i++;
    while((str1[i++]=str2[j++])!='\0');
    printf("连接后的字符串为: %s",str1);
}
```

3.
```
#include<string.h>
main( )
{ char str[80];
int  i,j;
printf(" 请输入一字符串: " );
gets(str);
i=j=0;
while(str[j]! =' \0' )j++;   /*j 定位字符串的最后一个字符*/
j--;
while(i<=j&&str[i] = = str[j])   /*从两端开始依次比较字符串的每一对字符*/
{i + +;j--;}
if(i>j)printf(" %s 是回文. \n" ,str);
else printf(" %s 不是回文. \n" ,str);
}
```

4.
```
#include <stdio.h>
main ( )
{
    int i,j,a[3][4]={{1,2,3,4},{5,6,7,8},{9,10,11,12}},b[4][3];
    printf("原始数组 a 为: \n");
    for ( i=0; i<3; i++ )
    {
        for ( j=0; j<4; j++ )
```

```
        {
            printf("%-4d", a[i][j] );
            b[j][i]=a[i][j];
        }
        printf("\n");
    }
    printf("结果数组 b 为: \n");
    for ( i=0; i<4; i++ )
    {
        for ( j=0; j<3; j++ )
            printf("%-4d", b[i][j] );
        printf("\n");
    }
}
```

5.
```
#include<string.h>
main()
{ char str[5][100],max[100];
int i,len,maxlen;
printf(" 请输入 5 个字符串: \n" );
for(i=0;i<5;i++)
gets(str[i]);
strcpy(max,str[0]);maxlen=strlen(str[0]);/*假设第一个字符串为最长的字符串*/
for(i=1;i<5;i++)
if((len=strlen(str[i]))>maxlen)
{ strcpy(max,str[i]);
maxlen=len;
}
printf(" 最长的字符串为: %s\n" ,max);
}
```

6.
```
#include <stdio.h>
main(0
{char c,string[81];int I,num=,word=0;
 gets(string);
 for(I=0;(c=sting[I])!='\0';I++)
     if(c==' ') word=0;
     else if(word==0){ word=1;
             num++;}
 printf("There are %d words in the line.\n",num);
}
```

7.
```
# include <stdio.h>
void main()
{int a[10]={1,2,3,4,5,6},an=6;
int b[10]={1,3,4,8,9,10},bn=6;
int i,j,k,c[20];

for(i=0,j=0,k=0;i+j<an+bn;k++)
{
if(a[i]<b[j])
c[k]=a[i++];
    else
c[k]=b[j++];
```

```
        printf("%d",c[k]);
        if(i==an) a[i]=b[bn-1]+1;//如果 a 数组先循环完,则让 a[i]的值比 b 数组中的最大的数据都要大, 这
样就可以让 c[k]只接收 b 数组的剩余数据
        if(j==bn) b[j]=a[an-1]+1;//如果 b 数组先循环完,则让 b[j]的值比 a 数组中的最大的数据都要大, 这
样就可以让 c[k]只接收 a 数组的剩余数据
    }
    printf("\n");}
```

习题 8　指针

一、选择题

1. 若已定义 int a=8, *p=&a;, 则下列说法中不正确的是 (　　　)。

　　A. *p = a=8　　　　B. p=&a　　　　C. *&a=*p　　　　D. *&a=&*a

2. 若已定义 short a[2]={8, 10}, *p=&a[0];, 假设 a[0]的地址为 2000, 则执行 p++后, 指针 p 的值为 (　　　)。

　　A. 2000　　　　　B. 2001　　　　　C. 2002　　　　　D. 2003

3. 若已定义 int a[8]={0, 2, 3, 4, 5, 8, 7, 8 }; *p=a;, 则数组第 2 个元素 "2" 不可表示为 (　　　)。

　　A. a[1]　　　　　B. p[1]　　　　　C. *p+1　　　　　D. *(p+1)

4. 若已定义 int a, *p=&a, **q=&p;, 则不能表示变量 a 的是 (　　　)。

　　A. *&a　　　　　B. *p　　　　　　C. *q　　　　　　D. **q

5. 设已定义语句 int　*p[10], (*q)[10];, 其中的 p 和 q 分别是 (　　　)。

　　① 10 个指向整型变量的指针

　　② 指向具有 10 个整型变量的函数指针

　　③ 一个指向具有 10 个元素的一维数组的指针

　　④ 具有 10 个指针元素的一维数组

　　A. ②、①　　　　B. ①、②　　　　C. ③、④　　　　D. ④、③

6. 若已定义 int a[2][4]={ { 80, 81, 82, 83 }, { 84, 85, 88, 87 } }, (*p)[4]=a;, 则执行 p++; 后, **p 代表的元素是 (　　　)。

　　A. 80　　　　　　B. 81　　　　　　C. 84　　　　　　D. 85

7. 执行语句 char a[10]={"abcd"}; *p=a; 后, (p+4) 的值是 (　　　)。

　　A. "abcd"　　　　B. '\0'　　　　　C. 'd'　　　　　　D. 不能确定

8. 设已定义 int a[3][2]={10, 20, 30, 40, 50, 80}; 和语句 (*p)[2]=a;, 则* (* (p+2) +1) 的值为 (　　　)。

　　A. 80　　　　　　B. 30　　　　　　C. 50　　　　　　D. 不能确定

9. 以下程序的运行结果是 (　　　)。

```
#include <stdio.h>
main( )
{
    int a[4][3]={ 1, 2, 3, 4, 5, 8, 7, 8, 9,10,11,12};
    int *p[4], i;
```

```
    for(i=0; i<4; i++)
        p[i]=a[i];
    printf("%2d,%2d,%2d,%2d\n", *p[1], (*p)[1], p[3][2], *(p[3]+1));
}
```

  A. 4，4，9，8   B. 程序出错

  C. 4，2，12，11   D. 1，1，7，5

10. 以下各语句或语句组中，正确的操作是（ ）。

  A. char s[4]="abcde";   B. char *s；gets（s）；

  C. char *s；s="abcde"；   D. char s[5]；scanf（"%s", &s）；

11. 以下程序的运行结果是（ ）。

```
#include <stdio.h>
main ( )
{
    char *s="xcbc3abcd";
    int a, b, c, d;
    a=b=c=d=0;
    for ( ; *s ; s++ )
        switch (*s)
        {
            case 'c':  c++;
            case 'b':  b++;
            default :  d++; break;
            case 'a':  a++;
        }
    printf("a=%d,b=%d,c=%d,d=%d\n", a, b, c, d);
}
```

（a='a'的个数，b='b'和'c'的个数，c='c'的个数，d=非'a'的个数）

  A. a=1，b=5，c=3，d=8   B. a=1，b=2，c=3，d=3

  C. a=9，b=5，c=3，d=8   D. a=0，b=2，c=3，d=3

12. 若有以下程序：

```
#include <stdio.h>
main ( int argc, char *argv[ ] )
{
    while ( --argc )
        printf ( "%s", argv[argc] );
    printf ( "\n" );
}
```

  该程序经编译和连接后生成可执行文件 S.EXE。现在如果在 DOS 提示符下键入 S AA
BB CC 后回车，则输出结果是（ ）。

  A. AABBCC   B. AABBCCS   C. CCBBAA   D. CCBBAAS

13. 若有定义 char *language[ ]={"FORTRAN", "BASIC", "PASCAL", "JAVA", "C"};，则
language[2]的值是（ ）。

  A. 一个字符   B. 一个地址   C. 一个字符串   D. 不定值

14. 若有以下定义和语句，则对 a 数组元素地址的正确引用是（ ）。

```
int a[2][3], (*p)[3];
p=a;
```

A. *（p+2）　　　　B. p[2]　　　　C. p[1]+1　　　　D.（p+1）+2

15. 若有 int max()，(*p)()；，为使函数指针变量 p 指向函数 max，正确的赋值语句是（　　）。

A. p=max;　　　　B. *p=max;　　　　C. p=max（a，b）;　　　　D. *p=max（a，b）;

16. 若有定义 int a[3][5]，i，j；（且 0≤i<3，0≤j<5），则 a[i][j]不正确的地址表示是（　　）。

A. &a[i][j]　　　　B. a[i]+j　　　　C. *（a+i）+j　　　　D. *（*（a+i）+j）

17. 设先有定义：

```
char s]10];
char *p=s;
```

则下面不正确的表达式是（　　）。

A. p=s+5　　　　B. s=p+s　　　　C. s[2]=p[4]　　　　D. *p=s[0]

18. 设先有定义：

```
char **s;
```

则下面正确的表达式是（　　）。

A. s="computer"　　　　　　　　　B. *s="computer"

C. **s="computer"　　　　　　　　D. *s='c'

二、填空题

1. 定义 compare（char *s1，char *s2）函数，实现比较两个字符串大小的功能。以下程序运行结果为−32，请填空。

```
#include <stdio.h>
main ( )
{
    printf ( "%d\n", compare ( "abCd", "abc" );
}
compare ( char *s1, char *s2 )
{
    while (*s1 && *s2 &&     【1】     )
    {
        s1++;
        s2++;
    }
    return  *s1-*s2;
}
```

2. 以下程序用来输出字符串。

```
#include <stdio.h>
main ( )
{
    char *a[ ]={"for", "switch", "if", "while"};
    char **p;
    for ( p=a; p<a+4; p++ )
        printf ( "%s\n",     【2】     );
}
```

3. 以下程序的功能是从键盘上输入若干个字符（以回车键作为结束）组成一个字符数组，然后输出该字符数组中的字符串，请填空。

```
#include<stdio.h>
main ( )
{
    char str[81],*p;
    int i;
    for (i=0;i<80;i++)
    {
        str[i]=getchar( );
        if (str[i]=='\n')  break;
    }
    str[i]= '\0';
    ____【3】____ ;
    while (*p)  putchar(*p____【4】____);
}
```

4. 下面是一个实现把 t 指向的字符串复制到 s 的函数。

```
strcpy ( char  *s, char  *t )
{
    while ( ( ____【5】____ ) != '\0' );
}
```

5. 下面 count 函数的功能是统计子串 substr 在母串 str 中出现的次数。

```
count(char *str, char *substr)
{
    int i,j,k,num=0;
    for (i=0; ____【6】____ ; i++)
       for ( ____【7】____ , k=0 ; substr[k]==str[j]; k++, j++)
           if (substr[ ____【8】____ ]=='\0')
           {
               num++;
               break;
           }
    return(num);
}
```

6. 下面 connect 函数的功能是将两个字符串 s 和 t 连接起来。

```
connect (char *s, char *t)
{
    char *p=s;
    while (*s) ____【9】____ ;
    while (*t)
    {
        *s= ____【10】____ ;
        s++;
        t++;
    }
    *s='\0';
    ____【11】____
}
```

三、程序阅读题

1. 运行如下程序并分析其结果。

```c
#include <stdio.h>
main ( )
{
    void fun ( char *s );
    static char str [ ]="123";
    fun ( str );
}
void  fun ( char *s )
{
    if (*s )
    {
        fun ( ++s );
        printf ( "%s\n", --s );
    }
}
```

2. 运行如下程序并分析其结果。

```c
#include <stdio.h>
void  sub ( int *x, int y, int z )
{
    *x = y - z;
}
main ( )
{
    int a, b, c;
    sub ( &a, 10, 5 );
    sub ( &b, a, 7 );
    sub ( &c, a, b );
    printf ( "%d,%d,%d\n", a, b, c );
}
```

3. 下列程序的功能是保留给定字符串中小于字母'n'的字母。请写出其结果并分析。

```c
#include <stdio.h>
void abc ( char *p )
{
    int i, j;
    for ( i=j=0; *(p+i)!='\0'; i++ )
        if ( *(p+i)<'n' )
        {
            *(p+j)= *(p+i);
            j++;
        }
    *(p+j)='\0';
}
main( )
{
    char str [ ]="morning";
    abc ( str );
    puts ( str );
}
```

4. 运行如下程序并分析其结果。

```
#include <stdio.h>
main ( )
{
    char *d[4]={"Tokyo","Osaka ","Sapporo " ,"Nagoya "};
    char *pt;
    pt=a;
    printf("%s",*(a+2));
}
```

5. 设如下程序的文件名为 myprogram.c, 编译并连接后在 DOS 提示下键入命令：myprogram one two three, 则执行后其结果是什么。

```
#include <stdio.h>
main (int argc, char *argv[ ] )
{
    int i;
    for (i=1; i<argc; i++)
        printf ("%s%c", argv[i], (i<argc-1)?' ' : '\n');
}
```

四、编程题

1. 编一程序, 求出从键盘输入的字符串的长度。

2. 编一程序, 将字符串中的第 m 个字符开始的全部字符复制到另一个字符串。要求在主函数中输入字符串及 m 的值并输出复制结果, 在被调用函数中完成复制。

3. 输入一个字符串, 按相反次序输出其中的所有字符。

4. 输入两个字符串, 将其连接后输出。

5. 编写一个密码检测程序, 程序执行时, 要求用户输入密码（标准密码预先设定）, 然后通过字符串比较函数比较输入密码和标准密码是否相等。若相等, 则显示"口令正确"并转去执行后续程序；若不相等, 重新输入, 三次都不相等则终止程序的执行。

题解 8   参考答案

一、选择题

1. D   2. C   3. C   4. C   5. D   6. C   7. B   8. A   9. C

10. C   11. A   12. C   13. B   14. C   15. A   16. D   17. B   18. B

二、填空题

1.【1】*s1==*s2

2.【2】*p

3.【3】p=str   【4】++

4.【5】*s++ = *t++

5.【6】str[i]!='\0'   【7】j=i   【8】k+1

6.【9】s++   【10】*t   【11】return（p）;

三、程序阅读题

1. 运行结果是:

3
23
123

2. 运行结果是:

5, -2,7

3. 答案是:

mig

4. 答案是:

Sapporo

5. 答案是:

one two three

四、编程题

```
1.  #include<stdio.h>
#include<string.h>
main( )
{
    char str[50],*p;
    int length=0;
    printf("请输入一个字符串\n");
    gets(str);
    p=str;
    while(*p!='\0')
    {
        p++;
        length++;
    }
    printf("输入的字符串的长度为%d\n",length);
}

2.  #include<stdio.h>
#include<string.h>
main ( )
{
    int m;
    char s1[50],s2[50];
    printf("请输入一字符串 s1=");
    gets(s1);
    printf("请输入复制的起始位置 m=");
    scanf("%d",&m);
    if(strlen(s1)<m)
        printf("输入有误!");
    else
    {
        copystr(s2,s1,m);
```

```
        printf("复制的结果是 s2=%s\n",s2);
    }
}
copystr(char *str2,char *str1,int m)
{
    int n=0;
    while(n<m-1)
    {
        str1++;
        n++;
    }
    while(*str1!='\0')
    {
        *str2=*str1;
        str2++;
        str1++;
    }
    *str2='\0';
}
```

3.
```
#include<stdio.h>
#include<string.h>
main ( )
{
    char str[81],*p;
    int i;
    for (i=0;i<80;i++)
    {
        str[i]=getchar( );
        if (str[i]=='\n')   break;
    }
    p=str;
    while ( --i>=0 )
        putchar(*(p+i) );
}
```

4.
```
#include<stdio.h>
#include<string.h>
strlink(char *str1, char *str2)
{
    while((*str1)!='\0') str1++;
    while((*str2)!='\0') {*str1=*str2;str1++;str2++;}
    *str1='\0';
}
main( )
{
    char *s1=" Very",*s2=" good!";
    strlink(s1,s2);
    printf("%s\n",s1);
}
```

5.
```
#include <stdio.h>
#include <conio.h>
#include <stdlib.h>
int strcompare(char *str1,char *str2)          /*字符串比较函数*/
```

```
{
    while(*str1==*str2 && *str1!=0 && *str2!=0)
    {
        str1++;
        str2++;
    }
    return *str1-*str2;
}
main( )
{
    char password[20]="c program";
    char input_pass[20];                    /*定义字符数组 input_pass*/
    int i=0;                                /*检验密码*/
    while(1)
    {
        printf("请输入密码\n");
        gets(input_pass);                   /*输入密码*/
        if(strcompare(input_pass,password)!=0)
            printf("口令错误,按任意键继续");
        else
        {
            printf("口令正确! ");
            break;
        }  /*输入正确的密码,终止循环*/
        getch( );
        i++;
        if(i==3) exit(0);                   /*输入 3 次错误的密码,退出程序*/
    }
    /*输入正确密码所进入的程序段*/
}
```

习题 9　结构体与共用体

一、选择题

1. 下面正确的叙述的是（　　）。

   A. 结构体一经定义，系统就给它分配了所需的内存单元

   B. 结构体变量和共用体变量所占内存长度是各成员所占内存长度之和

   C. 可以对结构体类型和结构体类型变量赋值、存取和运算

   D. 定义共用体变量后，不能引用共用体变量，只能引用共用体变量中的成员

2. 结构体类型变量在程序执行期间（　　）。

   A. 所有成员驻留在内存中　　　　　　B. 只有一个成员驻留在内存中

   C. 部分成员驻留在内存中　　　　　　D. 没有成员驻留在内存中

3. 设有以下定义

   ```
   struct date
   {
       int cat;
   ```

```
    char c;
    int a[4];
    long m;
}mydate;
```

则在 Turbo C 中执行语句：printf（"%d"，sizeof（struct date））; 的结果是（　　　）。

A．25　　　　　　　B．15　　　　　　C．18　　　　　　D．8

4. 在说明一个共用体变量时系统分配给它的存储空间是（　　　）。

    A．该共用体中第一个成员所需存储空间

    B．该共用体中最后一个成员所需存储空间

    C．该共用体中占用最大存储空间的成员所需存储空间

    D．该共用体中所有成员所需存储空间的总和

5. 共用体类型变量在程序执行期间的某一时刻（　　　）。

    A．所有成员驻留在内存中　　　　　　B．只有一个成员驻留在内存中

    C．部分成员驻留在内存中　　　　　　D．没有成员驻留在内存中

6. 对于下面有关结构体的定义或引用，正确的是（　　　）。

```
struct student
{
    int  no;
    int  score;
}student1;
```

    A．student.score=99;

    B．student LiMing；LiMing.score=99;

    C．stuct LiMing；LiMing.score=99;

    D．stuct student LiMing；LiMing.score=99;

7. 以下说法错误的是（　　　）。

    A．结构体变量的名称为该结构体变量的存储首地址

    B．在 Turbo C 中，结构体变量占用空间的大小为各成员项占用空间大小之和，而共用体占用空间大小为其成员项中占用空间最大的成员项所需存储空间大小

    C．结构体定义时不分配存储空间，只有在结构体变量说明时，系统才分配存储空间

    D．结构体数组中不同元素的同名成员项具有相同的数据类型

8. 若有以下说明和语句：

```
struct teacher
{
    int no;
    char *name;
}xiang, *p=&xiang;
```

则以下引用方式不正确的是（　　　）。

    A．xiang.no　　　　　B．（*p）.no　　　　　C．p->no　　　　　D．xiang->no

二、填空题

1. 以下程序段的作用是统计链表中节点的个数，其中 first 为指向第 1 个节点的指针。

```
struct node
{
    char data;
```

```
        struct node *next;
    } *p, *first;
    ...
    int c=0;
    p=first;
    while(   【1】   )
    {
           【2】   ;
        p=   【3】   ;
    }
```

2. 以下程序中使用一个结构体变量表示一个复数，然后进行复数加法和乘法运算。

```
#include <stdio.h>
struct complex_number
{
    float real, virtual;
};
main ( )
{
    struct complex_number a,b,sum,mul;
    printf("输入a.real、a.virtual、b.real和b.virtual: ");
    scanf("%f%f%f%f",&a.real,&a.virtual,&b.real,&b.virtual);
    sum.real=   【4】   ;
    sum.virtual=   【5】   ;
    mul.real=   【6】   ;
    mul.virtual=   【7】   ;
    printf("sum.real=%f,sum.virtual=%f\n", sum.real, sum.virtual);
    printf("mul.real=%f, mul.virtual=%f\n", mul.real, mul.virtual);
}
```

3. 以下程序用于在结构体数组中查找分数最高和最低的同学姓名和成绩。请在程序中的空白处填入一条语句或一个表达式。

```
#include<stdio.h>
main ( )
{
    int max,min,i,j;
    static struct
    {
        char name[10];
        int score;
    }stud[6]={"李明",99,"张三",88,"吴大",90,"钟六",80,"向杰",92,"齐伟",98};
    max=min=1;
    for (i=0;i<6;i++)
        if(stud[i].score>stud[max].score)
            【8】   ;
        else
            if(stud[i].score<stud[min].score)
                【9】   ;
    printf("最高分获得者为：%s,分数为：%d",   【10】   );
    printf("最低分获得者为：%s,分数为：%d",   【11】   );
}
```

三、程序阅读题

1. 运行下列程序，写出其结果并分析。

```c
#include <stdio.h>
#include "process.h"
typedef struct person
{
    char    name[31];
    int     age;
    char    address[101];
} Person;
void main(void)
{
    Person  per[2]= {
                {"Qian", 25, "west street 31"},
                {"Qian", 25, "west street 31"} };
    Person *p1=per;
    char   *p2=per[0].name;
    printf("per        =%u\n", per);
    printf("&per[0]    =%u\n", &per[0]);
    printf("per[0].name =%u\n", per[0].name);
    printf("p1         =%u\n", p1);
    printf("p2         =%u\n\n", p2);
    printf("&p1        =%u\n", &p1);
    printf("&p2        =%u\n\n", &p2);
    printf("&per       =%u\n", &per);
    exit(0);
}
```

2. 这是一个学生综合评估的源程序，写出程序运行的结果。

```c
#include <stdio.h>
#define  ScoreTable_TY struct ScoreTable
ScoreTable_TY
{
    char  name[31];
    int   score[5];
    int   sum;
    float avg;
} ;
void SumAndAvg(ScoreTable_TY *pt);
char *Remak(float avg);
main()
{
    int i;
    ScoreTable_TY stu[5]= {
                {"zhang", {68, 99, 80, 96, 92}, 0, 0},
                {"wang",  {88, 89, 90, 96, 92}, 0, 0},
                {"li",    {85, 93, 82, 66, 82}, 0, 0},
                {"zhao",  {98, 99, 90, 96, 92}, 0, 0},
                {"qian",  {68, 99, 92, 91, 62}, 0, 0}
                };
    ScoreTable_TY *pt=stu;
    for(i=0; i<5; i++, pt++)
    {
```

```
        SumAndAvg(pt);
    }
    for(i=0; i<5; i++)
    {
        printf("%10s:  %s\n", stu[i].name, Remak(stu[i].avg));
    }
    return 0;
}
void SumAndAvg(ScoreTable_TY *pt)
{
    int i;
    for(i=0; i<5; i++)
        pt->sum += pt->score[i];
    pt->avg = pt->sum/5.0;
}
char *Remak(float avg)
{
    if(avg > 90.0)
        return "best";
    else
        if(avg > 95)
            return "better";
        else
            return "good";
}
```

3. 输入下列源程序，按提示输入相应的数据，写出运行结果，并分析源程序。

```
#include <stdio.h>
#include <malloc.h>
struct Person
{
    char        name[31];
    int         age;
    char        address[101];
    struct Person   *next;
};
struct Person *createLink();
void printLink(struct Person *pt);
void distroyLink(struct Person *LinkHead);
void main()
{
    struct Person *LinkHead;
    LinkHead=createLink();
    printLink(LinkHead);
    distroyLink(LinkHead);
}
struct Person *createLink()
{
    struct Person *LinkHead, *LinkEnd, *pt;
    int i;
    printf("input name age address:\n");
    for(i=0; i<3; i++)
    {
        pt= (struct Person *)malloc(sizeof(struct Person));
        scanf("%s %d %s", pt->name, &pt->age, pt->address);
```

```
        if(0==i)
        {
            LinkHead =pt;
            LinkEnd  =pt;
        }
        else
        {
            LinkEnd->next =pt;
            LinkEnd       =pt;
        }
    }
    LinkEnd->next =NULL;
    return LinkHead;
}
void printLink(struct Person *pt)
{
    while(NULL!=pt)
    {
        printf("%-20s, %4d, %s\n", pt->name, pt->age, pt->address);
        pt = pt->next;
    }
}
void distroyLink(struct Person *LinkHead)
{
    struct Person *pt;
    int    i=0;
    pt=LinkHead;
    while(NULL != pt)
    {
        LinkHead = LinkHead->next;
        free(pt);
        printf("free node:%d\n", i++);
        pt =LinkHead;
    }
}
```

4. 试分析下列源程序的功能，写出其运行结果。

```
#include <stdio.h>
#define Person_1  struct person_1
struct person_1
{
    char      name[31];
    int       age;
    char      address[101];
};
typedef struct person_2
{
    char      name[31];
    int       age;
    char      address[101];
} Person_2;
void main(void)
{
    Person_1  a= {"zhao", 31, "east street 49"};
```

```
    Person_1  b=a;
    Person_2  c= {"Qian", 25, "west street 31"};
    Person_2  d=c;
    printf("%s, %d, %s\n", b.name, b.age, b.address);
    printf("%s, %d, %s\n", d.name, d.age, d.address);
}
```

5. 试分析下列源程序的功能，写出其运行结果。

```
#include <stdio.h>
void main()
{
    union cif_ty
    {
        char   c;
        int    i;
        float  f;
    } cif;
    cif.c = 'a';
    printf("c=%c\n", cif.c);
    cif.f = 101.1;
    printf("c=%c, f=%f\n",cif.c, cif.f);
    cif.i = 0x2341;
    printf("c=%c, i=%d, f=%f", cif.c, cif.i, cif.f);
}
```

四、编程题

1. 编写 input()和 output()函数输入/输出 5 个学生的数据记录。每个学生的数据包括学号（num[6]）、姓名（name[8]）和 4 门课的成绩（score[4]）。要求在 main()函数中只有 input()和 output()两个函数调用语句即可实现。

2. 创建一个链表，结点数目从键盘输入，每个结点包括学号、姓名和年龄。链表建立完毕，请将链表按记录逐行显示出来。

3. 假设某链表的结点结构体同第 2 题，链表头指针为 head，请设计一个显示链表的函数。

4. 假设某链表的结点结构体同第 2 题，链表头指针为 head，请设计一个在链表删除一个指定结点的函数。

题解 9 参考答案

一、选择题

1. D   2. A   3. B   4. C   5. B   6. D   7. A   8. D

二、填空题

1.【1】p!=NULL   【2】c++   【3】p->next

2.【4】a.real+b.real 【5】a.virtual+b.virtual 【6】a.real*b.real-a.virtual*b.virtual

【7】a.virtual*b.real+a.real*b.virtual

3.【8】max=i   【9】min=i   【10】stud[max].name，stud[max].score

【11】stud[min].name，stud[min].score

三、程序阅读题

1. 运行结果可能是：

```
per          =3794
&per[0]      =3794
per[0].name  =3794
p1           =3794
p2           =3794

&p1          =4062
&p2          =4066

&per         =3794
```

（注意：在不同机器上运行的结果可能不一样）

2. 运行结果如下。

```
zhang:   better
 wang:   best
   li:   better
 zhao:   best
 qian:   good
```

3. 本程序的运行结果如下。

```
input name age address:
ZhangSan 18 HuNan
LiSi 19 HuBei
WangWu 20 BeiJing
ZhangSan          ,  18,  HuNan
LiSi              ,  19,  HuBei
WangWu            ,  20,  BeiJing
free node:0
free node:1
free node:2
```

4. 程序的运行结果如下。

```
zhao,  31,  east street 49
Qian,  25,  west street 31
```

5. 程序的运行结果如下。

```
c=a
c=3,  f=101.099998
c=A,  i=9025,  f=101.068855
```

四、编程题

```c
1. #define N 5
struct student
{
    char num[6];
    char name[8];
    int score[4];
} stu[N];
input( )
{
    int i,j;
```

```
    for(i=0;i<N;i++)
    {
        printf("\n please input %d of %d\n",i+1,N);
        printf("num: ");
        scanf("%s",stu[i].num);
        printf("name: ");
        scanf("%s",stu[i].name);
        for(j=0;j<3;j++)
        {
            printf("score %d.",j+1);
            scanf("%d",&stu[i].score[j]);
        }
        printf("\n");
    }
}
output( )
{
    int i,j;
    printf("\n  No.     Name     Sco1    Sco2    Sco3\n");
    for(i=0;i<N;i++)
    {
        printf("%-6s%-10s",stu[i].num,stu[i].name);
        for(j=0;j<3;j++)
            printf("%-8d",stu[i].score[j]);
        printf("\n");
    }
}
main( )
{
    input( );
    output( );
}

2.  /*creat a list*/
#include <stdlib.h>
#include <stdio.h>
struct list
{
    int no;
    char name[10];
    int age;
    struct list *next;
};
typedef struct list node;
typedef node* link;
void main( )
{
    link ptr,head;
    int num,i,length;
    ptr=(link)malloc(sizeof(node));
    head = ptr;
    printf("Now,let's begin creating the LIST!\n");
    printf("First, please input length or LIST: \n");
    scanf ("%d", &length);
    for(i=0;i< length;i++)
    {
```

```
        printf("Then please input node %d of the LIST!\n",i);
        printf("No:");
        scanf("%d",&ptr->no);
        printf("Name:");
        scanf("%s",ptr->name);
        printf("Age:");
        scanf("%d",&ptr->age);
        ptr->next=(link)malloc(sizeof(node));
        if(i== length-1)
        ptr->next=NULL;
        else
        ptr=ptr->next;
    }
    printf("Nodes of LIST is listed below!");
    printf("\nNo.        Name         age\n");
    printf("--------   ----------   ----------\n");
    ptr=head;
    while(ptr!=NULL)
    {
        printf("%3d%10s%10d\n",ptr->no,ptr->name,ptr->age);
        ptr=ptr->next;
    }
}
```

3.
```
Display_LIST(node *head)
{
    node *p;
    p=head;
    while(p!=NULL)
    {
        printf("%3d%10s%10d\n",p->no,p->name,p->age);
        p=p->next;
    }
}
```

4.
```
Delete_Node(node *head)
{
    node *p, *q;
    int i,j;
    printf("请输入欲删除的结点位置：\n");
    scanf("%d",&i);
    if(i==1)
    {
        p=head;
        head=p->next;
        free(p);
    }
    else
    {
        q=head;
        for(j=1;j<i-1;j++)
            q=q->next;
        if(q!=NULL)
        {
            p=q->next;
            q->next=p->next;
```

```
        free(p);
    }
    else
        printf("ERROR!");
    }
}
```

习题 10　文件

一、选择题

1. 以下可作为函数 fopen()中第 1 个参数的正确格式是（　　　）。

  A.　"c:\myfile\1.text"　　　　　　　　B.　"c:\myfile\1.txt"

  C.　"c:\myfile\1"　　　　　　　　　　D.　"c:\\myfile\\1.txt"

2. 为写而打开文本 my.dat 的正确写法是（　　　）。

  A.　fopen（"my.dat"，"rb"）　　　　　B.　fp=fopen（"my.dat"，"r"）

  C.　fopen（"my.dat"，"wb"）　　　　　D.　fp=fopen（"my.dat"，"w"）

3. 若执行 fopen 函数时发生错误，则函数的返回值是（　　　）。

  A.　地址值　　　　　B.　0　　　　　　　C.　1　　　　　　　D.　NULL

4. 已知函数的调用形式为 fread（buffer，size，count，fp），其中 buffer 代表的是（　　　）。

  A.　一个整型变量，代表要读入的数据项总数

  B.　一个文件指针，指向要读的文件

  C.　一个指针，指向要读入数据的存放地址

  D.　一个存储区，存放要读的数据项

5. 设有以下结构体类型

```
struct student
{
    char name[10];
    float score[5];
}stu[20];
```

  并且结构体数组 stu 中的元素都已有值，若要将这些元素写到硬盘文件 fp 中，以下不正确的形式是（　　　）。

  A.　fwrite（stu，sizeof（stuct student），20，fp）

  B.　fwrite（stu，20*sizeof（stuct student），1，fp）

  C.　fwrite（stu，20*sizeof（stuct student），2，fp）

  D.　for（i=0；i<20；i++）fwrite（stu+i，sizeof（stuct student），1，fp）

二、填空题

1. 下面程序用于从键盘输入一个以'?'为结束标志的字符串，将它存入指定的文件 my.txt 中。

```
#include <stdio.h>
main ( )
{
    FILE *fp;
    char ch;
```

```
    if ((____【1】____)==NULL)
    {
        printf("不能打开文件\n");
        exit(0);
    }
    ch=getchar( );
    while(____【2】____)
    {
        fputc(ch,fp);
        ____【3】____;
    }
    fclose(fp);
}
```

2. 下面的程序实现统计 C 盘根目录下的 my.txt 文件中字符的个数。

```
#include <stdio.h>
main ( )
{
    FILE *fp;
    char ch;
    long num=0;
    if(____【4】____)
    {
        printf("Cant't open file!\n");
        exit(0);
    }
    while(____【5】____)
    {
        fgetc(fp);
        ____【6】____;
    }
    printf("%ld",num);
    fclose(fp);
}
```

3. 下面的程序读取并显示一个字符文件的内容。

```
#include<stdio.h>
main ( int argc, char *argv[ ] )
{
    FILE *fp;
    char ch;
    if ((fp=fopen(argv[1], "r"))==____【7】____)
    {
        puts("Can't open file.");
        exit(0);
    }
    while ((ch=fgetc(____【8】____))!=____【9】____)
        printf("%c",____【10】____);
    fclose(fp);
}
```

4. 下面程序把从终端读入的 10 个整数以二进制方式写到一个名为 bi.dat 的新文件中。

```
#include<stdio.h>
FILE *fp;
main( )
{
    int i,j;
    if((fp=fopen(____【11】____,"wb"))==NULL)
        exit(0);
    for(i=0;i<10;i++)
    {
        scanf("%d",&j);
        fwrite(&j,sizeof(int),1,____【12】____);
    }
    fclose(fp);
}
```

三、程序阅读题

1. 运行下列程序写出其结果。

```
#include <stdio.h>
main( )
{
    int i,n;
    FILE *fp;
    if ((fp=fopen("temp","w"))==NULL)
    {
        printf("不能建立 temp 文件\n");
        exit(0);
    }
    for (i=1;i<=10;i++)
        fprintf(fp,"%3d",i);
    for (i=0;i<10;i++)
    {
        fseek(fp,i*3L,SEEK_SET);
        fscanf(fp,"%d",&n);
        printf("%3d",n);
    }
    fclose(fp);
}
```

2. 运行下列程序写出其结果。

```
#include <stdio.h>
main( )
{
    int i,n;
    FILE *fp;
    if ((fp=fopen("temp","w+"))==NULL)
    {
        printf("不能建立 temp 文件\n");
        exit(0);
    }
    for (i=1;i<=10;i++)
        fprintf(fp,"%3d",i);
```

```
    for (i=0;i<10;i++)
    {
        fseek(fp,i*3L,SEEK_SET);
        fscanf(fp,"%d",&n);
        fseek(fp,i*3L,SEEK_SET);
        printf("%3d",n+10);
    }
    for (i=0;i<5;i++)
    {
        fseek(fp,i*6L,SEEK_SET);
        fscanf(fp,"%d",&n);
        printf("%3d",n);
    }
    fclose(fp);
}
```

3. 假设在 D：盘根目录下有一文件 student.txt，存入的是学生的成绩，内容如下：

<u>zhao 102 qian 106 sun 99 li 910 zhou 710</u>

则运行下列程序写出其结果。

```
#include <stdio.h>
main( )
{
    int i,SCORE;
    char NAME[10];
    FILE *fp;
    if ((fp=fopen("d:\\student.txt","rb"))==NULL)
    {
        printf("Can't read file:student\n");
        exit(0);
    }
    printf("    NAME    SCORE\n");
    printf("    ------  -------\n");
    while(!feof(fp))
    {
        fscanf(fp,"%s %d", NAME,&SCORE);
        printf("%10s    %d\n", NAME, SCORE);
    }
    fclose(fp);
}
```

四、编程题

1. 编程打开一个文本文件 temp.txt，将其全部内容显示在屏幕上。

2. 从键盘输入一些字符，逐个把它们送到磁盘上去，直到输入一个#为止。

3. 从键盘输入一个字符串，将小写字母全部转换成大写字母，然后输出到一个磁盘文件 "test" 中保存。输入的字符串以！结束。

4. 有两个磁盘文件 A 和 B，各存放一行字母，要求把这两个文件中的信息合并（按字母顺序排列），输出到一个新文件 C 中。

5. 有 5 个学生，每个学生有 3 门课的成绩，从键盘输入以上数据（包括学生号、姓名和 3 门课成绩），计算出平均成绩，将原有的数据和计算出的平均分数存放在磁盘文件"stud"中。

题解 10 参考答案

一、选择题

1. D 2. D 3. D 4. D 5. C

二、填空题

1. 【1】fp=fopen（"my.txt"，"w"）【2】ch!='?' 【3】ch=getchar()
2. 【4】（fp=fopen（"c:\\my.txt"，"r"））==NULL【5】!feof（fp）【6】num++
3. 【7】NULL 【8】fp 【9】EOF 【10】ch
4. 【11】"bi.dat" 【12】fp

三、程序阅读题

1. 运行结果是：

1 2 3 4 5 6 7 8 9 10

2. 运行结果是：

11 12 13 14 15 16 17 18 19 20 1 3 5 7 9

3. 运行结果是：

NAME	SCORE
zhao	82
qian	86
sun	99
li	98
zhou	78

四、编程题

1.
```
#include <stdio.h>
main( )
{
    FILE *fp;
    char ch;
    fp=fopen("d:\\temp.txt","r");
    if (!fp)
    {
        printf("Can't open file:d:\\temp.txt\n");
        exit(0);
    }
    ch=fgetc(fp);
    while (ch!=EOF)
    {
        putchar(ch);
        ch=fgetc(fp);
    }
    fclose(fp);
}
```

2.
```
#include <stdio.h>
main( )
```

```
{
    FILE *fp;
    char ch,filename[10];
    scanf("%s",filename);
    if((fp=fopen(filename,"w"))==NULL)
    {
        printf("cannot open file\n");
        exit(0);
    }
    ch=getchar( );
    while(ch!='#')
    {
        fputc(ch,fp);putchar(ch);
        ch=getchar( );
    }
    fclose(fp);
}
```

3.
```
#include <stdio.h>
main( )
{
    FILE *fp;
    char str[100],filename[10];
    int i=0;
    if((fp=fopen("test","w"))==NULL)
    {
        printf("cannot open the file\n");
        exit(0);
    }
    printf("please input a string:\n");
    gets(str);
    while(str[i]!='!')
    {
        if(str[i]>='a'&&str[i]<='z')
        str[i]=str[i]-32;
        fputc(str[i],fp);
        i++;
    }
    fclose(fp);
    fp=fopen("test","r");
    fgets(str,strlen(str)+1,fp);
    printf("%s\n",str);
    fclose(fp);
}
```

4.
```
#include <stdio.h>
main( )
{
    FILE *fp;
    int i,j,n,ni;
    char c[160],t,ch;
    if((fp=fopen("A","r"))==NULL)
    {
        printf("file A cannot be opened\n");
        exit(0);
    }
}
```

```
        printf("\n A contents are :\n");
        for(i=0;(ch=fgetc(fp))!=EOF;i++)
        {
            c[i]=ch;
            putchar(c[i]);
        }
        fclose(fp);
        ni=i;
        if((fp=fopen("B","r"))==NULL)
        {
            printf("file B cannot be opened\n");
            exit(0);
        }
        printf("\n B contents are :\n");
        for(;(ch=fgetc(fp))!=EOF;i++)
        {
            c[i]=ch;
            putchar(c[i]);
        }
        fclose(fp);
        n=i;
        for(i=0;i<n;i++)
            for(j=i+1;j<n;j++)
                if(c[i]>c[j])
                {
                    t=c[i];c[i]=c[j];c[j]=t;
                }
        printf("\n C file is:\n");
        fp=fopen("C","w");
        for(i=0;i<n;i++)
        {
            putc(c[i],fp);
            putchar(c[i]);
        }
        fclose(fp);
    }
```

(注意：在调试时，文件 A、B 和 C 都要给出具体的包含路径的文件名)

```
5.  #include <stdio.h>
    struct student
    {
        char num[6];
        char name[8];
        int score[3];
        float avr;
    } stu[5];
    main( )
    {
        int i,j,sum;
        FILE *fp;
        for(i=0;i<5;i++)/*input*/
        {
            printf("\n please input No. %d score:\n",i+1);
            printf("stuNo:");
            scanf("%s",stu[i].num);
            printf("name:");
```

```
        scanf("%s",stu[i].name);
        sum=0;
        for(j=0;j<3;j++)
        {
            printf("score %d.",j+1);
            scanf("%d",&stu[i].score[j]);
            sum+=stu[i].score[j];
        }
        stu[i].avr=sum/3.0;
    }
    fp=fopen("stud","w");
    for(i=0;i<5;i++)
        if(fwrite(&stu[i],sizeof(struct student),1,fp)!=1)
            printf("file write error\n");
    fclose(fp);
}
```

附录 1
常见出错信息及错误示例

一、常见出错信息速查

1. Ambiguous symbol "xxx"：不明确的符号。

2. Argument list syntax error：参数表语法错误。

3. Array bounds missing：数组的界限符丢失。

4. Array size too large：数组长度太大。

5. Bad character in parameters：参数中有不适当的字符。

6. Bad file name format in include directive：包含命令中文件名格式不正确。

7. Bad ifdef directive syntax：编译预处理 ifdef 指令有语法错误。

8. Bad undef directive syntax：编译预处理 undef 指令有语法错误。

9. Bit field too large：位字段太长。

10. Call of non-function：调用未定义的函数。

11. Cannot modify a const object：不允许修改常量对象。

12. Case outside of switch：Case 语句出现在 switch 语句外。

13. Case syntax error：Case 语法错误。

14. Compound statement missing   ｝：复合语句漏掉"}"。

15. Conflicting type modifiers：类型说明符冲突。

16. Constant expression required：要求常量表达式。

17. Conversion may lose significant digits：转换时会丢失有意义的数字。

18. Could not find file "xxx"：找不到 xxx 文件。

19. Declaration missing ;：说明缺少"; "。

20. Declaration syntax error：说明中出现语法错误。

21. Default outside of switch：Default 出现在 switch 语句之外。

22. Define directive needs an identifier：define 指令必须要接标识符。

23. Division by zero：除数为零。

24. Do statement must have while：Do-while 语句中缺少 while。

25. Enum syntax error：枚举类型语法错误。

26. Enumeration constant syntax error：枚举常量语法错误。

27. Error writing output file：写输出文件错误。

28. Expression syntax error：表达式语法错误。

29. Extra parameter in call：调用时出现多余错误。

30. File name too long：文件名太长。

31. Function call missing)：函数调用缺少右括号。

32. Fuction definition out of place：函数定义位置错误。

33. Fuction should return a value：函数必须返回一个值。

34. Goto statement missing label：Goto 语句没有标号。

35. Hexadecimal or octal constant too large：十六进制或八进制常数太大。

36. Illegal character "x"：非法字符 x。

37. Illegal initialization：非法的初始化。

38. Illegal octal digit：非法的八进制数字。

39. Illegal pointer subtraction：非法的指针相减。

40. Illegal structure operation：非法的结构体操作。

41. Illegal use of floating point：非法的浮点运算。

42. Illegal use of pointer：指针使用非法。

43. Improper use of a typedef symbol：typedef 符号使用不恰当。

44. In-line assembly not allowed：不允许直接输入的汇编语句。

45. Incompatible storage class：存储类别不相容。

46. Incompatible type conversion：不相容的类型转换。

47. Incorrect number format：错误的数据格式。

48. Incorrect use of default：Default 使用不当。

49. Invalid indirection：无效的间接运算（运算符为*）。

50. Invalid pointer addition：无效的指针相加。

51. Lvalue required：赋值请求，赋值操作符的左边必须是一个地址表达式。

52. Macro argument syntax error：宏参数语法错误。

53. Macro expansion too long：宏扩展太长。

54. Mismatched number of parameters in definition：定义中参数个数不匹配。

55. Misplaced break：此处不应出现 break 语句。

56. Misplaced continue：此处不应出现 continue 语句。

57. Misplaced decimal point：此处不应出现小数点。

58. Misplaced else：此处不应出现 else。

59. Misplaced else directive：此处不应出现编译预处理 else。

60. Misplaced endif directive：此处不应出现编译预处理 endif。

61. Must be addressable：必须是可以编址的。

62. Must take address of memory location：必须存储定位的地址。

63. No declaration for function "xxx"：没有函数 xxx 的说明。

64. No stack：缺少堆栈。

65. No type information：没有类型信息。

66. Non-portable pointer assignment：不可移动的指针（地址常数）赋值。源文件中把一个指针赋给另一非指针，或相反。

67. Non-portable pointer comparison：不可移动的指针（地址常数）比较。源文件中把一个指针和另一非指针（非常量零）做比较。

68. Non-portable pointer conversion：不可移动的指针（地址常数）转换。return 语句中的表达式类型和函数说明的类型不一致。

69. Not a valid expression format type：不合法的表达式格式。

70. Not an allowed type：不允许使用的类型。

71. Numeric constant too large：数值常量太大。

72. Out of memory：内存不够用。

73. Parameter "xxx" is never used：参数 xxx 没有用到。

74. Pointer required on left side of- >：符号- >的左边必须是指针。

75. Possible use of "xxx" before definition：在定义之前就使用了 xxx。

76. Possibly incorrect assignment：赋值可能不正确。

77. Redeclaration of "xxx"：重复定义了 xxx。

78. Redefinition of "xxx" is not identical：xxx 的两次定义不一致。

79. Size of structure or array not known：结构体或数组大小不确定。

80. Statement missing；：语句后缺少";"。

81. Structure or union syntax error：结构体或联合体语法错误。

82. Structure size too large：结构体尺寸太大。

83. Sub scripting missing]：下标缺少右方括号。

84. Superfluous & with function or array：函数或数组中有多余的"&"。

85. Suspicious pointer conversion：可疑的指针转换。

86. Symbol limit exceeded：符号超限。

87. Too few parameters in call：函数调用时的实参太少。

88. Too many default cases：Default 太多（switch 语句中一个）。

89. Too many error or warning messages：错误或警告信息太多。

90. Too many type in declaration：说明中类型太多。

91. Too much auto memory in function：函数用到的自动存储太多。

92. Too much global data defined in file：文件中全局数据太多。

93. Two consecutive dots：两个连续的句点。

94. Type mismatch in parameter xxx：参数 xxx 类型不匹配。

95. Type mismatch in redeclaration of "xxx"：xxx 重定义的类型不匹配。

96. Unable to create output file "xxx"：无法建立输出文件 xxx。

97. Unable to open include file "xxx"：无法打开包含的文件。

98. Unable to open input file "xxx"：无法打开输入文件 xxx。

99. Undefined label "xxx"：没有定义的标号 xxx。

100. Undefined structure "xxx"：没有定义的结构 xxx。

101. Undefined symbol "xxx"：没有定义的符号 xxx。

102. Unknown assemble instruction：未知的汇编结构。

103. Unknown option：未知的操作。

104. Unknown preprocessor directive "xxx"：不认识的预处理命令 xxx。

105. Unreachable code：不可达代码。

106. Unterminated string or character constant：字符串缺少引号。

107. User break：用户强行中断了程序。

108. Void functions may not return a value：Void 类型的函数不应有返回值。

109. Wrong number of arguments：调用函数的参数数目错。

110. "xxx" not an argument：xxx 不是参数。

111. "xxx" not part of structure：xxx 不是结构体的一部分。

112. xxx statement missing（：xxx 语句缺少左括号。

113. xxx statement missing　）：xxx 语句缺少右括号。

114. xxx statement missing ；：xxx 缺少分号。

115. "xxx" declared but never used：说明了 xxx 但没有使用。

116. "xxx" is assigned a value which is never used：xxx 被赋值但从未用过。

117. Zero length structure：结构体的长度为零。

二、常见错误示例

初学 C 语言的人，经常会出一些连自己都不知道错在哪里的错误。看着有错的程序，不知该从何改起，下面例举了一些调试 C 源程序时常犯的错误，仅供初学者参考。

程序出错有 3 种情况：一是语法出错，二是逻辑出错，三是运行出错。下面我们就按照这三种情况分别举例加以说明。

1. 语法错误：指违背了 C 语言语法规定的错误。对于这类错误，编译程序一般能给出"出错信息"，并且告诉你在哪一行出错。此类错误较易排除。

【错误示例 1】　忘记变量的定义。

```
#include <stdio.h>
main( )
{
    a=10;
    printf("%d",a);
}
```

调试出错信息为：

```
D:\lt\lt.c(4) : error C2065: 'a' : undeclared identifier
```

出错原因分析：

变量 a 事先没有定义。

提示信息中，文件名 lt.c 后面括号中的数字 4 是提示错误所在行的行号为 4。后面的其他示例末列出行号，请读者注意。

【错误示例 2】　忽略了变量的类型，进行了不合法的运算。

```
#include <stdio.h>
main( )
{
    float a,b;
    printf("%d",a%b);
}
```

调试出错信息为：

```
error C2296: '%' : illegal, left operand has type 'float '
```

```
error C2297: '%' : illegal, right operand has type 'float '
```

出错原因分析：

%是求余运算，得到 a/b 的整余数。整型变量 a 和 b 可以进行求余运算，而实型变量则不允许进行"求余"运算。

【错误示例3】 书写标识符时，忽略了大小写字母的区别。

```
#include <stdio.h>
main( )
{
    int a=88;
    printf("%d",A);
}
```

调试出错信息为：

```
error C2065: 'A' : undeclared identifier
```

出错原因分析：

编译程序把 a 和 A 认为是两个不同的变量名，而显示出错信息。C 认为大写字母和小写字母是两个不同的字符。习惯上，符号常量名用大写，变量名用小写表示，以增加可读性。

【错误示例4】 忘记加分号。

```
#include <stdio.h>
main( )
{
    int a,b;
    a=8
    b=100;
}
```

调试出错信息为：

```
error C2146: syntax error : missing ';' before identifier 'b'
```

出错原因分析：

分号是 C 语句中不可缺少的一部分，语句末尾必须有分号。编译时，编译程序在"a=8"后面没发现分号，就把下一行"b=100"也作为上一行语句的一部分，这就会出现语法错误。改错时，有时在被指出有错的一行中未发现错误，就需要看一下上一行是否漏掉了分号。例如，在本例中，指示错误的光标停在 b=100 处，但却是前一语句 a=8 后面少了分号。

【错误示例5】 输入变量时忘记加地址运算符"&"。

```
#include <stdio.h>
main( )
{
    int a;
    scanf("%d",a);
}
```

调试出错信息为：

```
warning C4700: local variable 'a' used without having been initialized
```

出错原因分析：

Scanf 函数的作用是：按照 a、b 在内存的地址将 a、b 的值存进去。"&a"指 a 在内存中的地址。在本例中，a 前没有地址符&是不合法的。

【错误示例 6】　定义数组时误用变量。

```
#include <stdio.h>
main( )
{
    int n;
    scanf("%d",&n);
    int a[n];
}
```

调试出错信息为：

```
error C2143: syntax error : missing ';' before 'type'
```

出错原因分析：

数组名后用方括号括起来的是常量表达式，可以包括常量和符号常量，即 C 不允许对数组的大小作动态定义。而本例中，定义数组 a 时，方括号中的 n 是变量。

【错误示例 7】　将字符常量与字符串常量混淆。

```
#include <stdio.h>
main( )
{
    char ch;
    ch="a";
}
```

调试出错信息为：

```
warning C4047: '=' : 'char ' differs in levels of indirection from 'char [2]'
```

出错原因分析：

在这里就混淆了字符常量与字符串常量，字符常量是由一对单引号括起来的单个字符，字符串常量是一对双引号括起来的字符序列。C 规定以 "\" 作字符串结束标志，它是由系统自动加上的，所以字符串 "a" 实际上包含两个字符：'a'和'\'，而把它赋给一个字符变量是不行的。

2. 逻辑错误：程序并没有违背 C 语言的语法规则，但程序执行结果与原意不符。这主要是因为程序设计人员的算法有错误或编辑源程序时有误，由于这种错误没有违背语法规则，且调试时又没有出错信息提示，错误较难排除，这需要程序员有较丰富的经验。

【错误示例 8】　忽略了 "=" 与 "==" 的区别。

本程序实现：若 a 与 b 相等，则显示 ok。

```
#include <stdio.h>
main( )
{
    int a=2,b=1;
    if(a=b)
        printf("ok!");
    else
        printf("wrong!");
}
```

本程序有错，但编译调试时无错！

出错原因分析：

C 语言中，"=" 是赋值运算符，"==" 是关系运算符。本题的原意是对 a、b 的值进行判断，条件语句是 "a 与 b 相等"，应该写成 a==b，而不是 a=b。如果写成 a=b，则结果是显示 ok!，而依题意 a==b 的结果为假，因此正确的结果是显示 wrong!。

本例程序在编译时，编译结果是 success! 即调试通过，错误逃出了编译器的法眼！但这类错误对于程序员来说，是绝不允许存在的！因为它太隐蔽了。程序较短还容易查出，程序一长，要找出这种错误可就难了。所以编程时要特别小心！

【错误示例 9】　多加分号。

```c
#include <stdio.h>
main( )
{
    int i,x;
    for(i=0;i<5;i++);
    {
      scanf("%d",&x);
      printf("%d",x);
    }
}
```

本程序有错，但编译调试时无错。

出错原因分析：

本题的原意是先后输入 5 个数，每输入一个数后再将它输出。由于 for()后多加了一个分号，使循环体变为空语句，此时只能输入一个数并输出它。

3. 运行错误：程序既无语法错误，也无逻辑错误，但在运行时出现错误甚至停止运行。

【错误示例 10】　除数不能为零。

```c
#include <stdio.h>
main( )
{
    int a,b,c;
    scanf("%d%d",&a,&b);
    c=a/b;
    printf("c=%d\n",c);
}
```

对于本程序，当输入的 b 等于 0 时，程序会出错并异常终止程序的执行。

出错原因分析：

该算法或者说该程序不具备"健壮性"，也就是说，它不能经受各种数据的"考验"。本程序在运行时，对于其他数据都不会出错，但输入的 b 等于 0 时就会出错，因为做除法运算时，除数不能为 0。本程序稍作修改即可，如下所示：

```c
#include <stdio.h>
main( )
{
    int a,b,c;
    scanf("%d%d",&a,&b);
    if(b==0)
        printf("输入错误：除数不能为 0!");
    else.
    {
        c=a/b;
        printf("c=%d\n",c);
    }
}
```

附录 2
C 语言程序设计考试大纲

全国计算机等级考试二级 C 语言
程序设计考试大纲

一、基本要求

1. 熟悉 Visual C++6.0 集成开发环境。
2. 掌握 C 语言基本数据类型、运算符和表达式，格式化数据输入/输出。
3. 掌握选择结构语句、循环结构语句，函数调用以及预处理命令。
4. 掌握数组、字符串、指针及其应用；掌握结构体应用以及数据文件的应用基础。
5. 在 Visual C++6.0 集成环境下，能够编写简单的 C 程序，并具有基本的纠错和调试程序的能力。

二、考试内容

（一）C 语言程序的结构
1. 程序的构成，main 函数和其他函数。
2. 头文件，数据说明，函数的开始和结束标志以及程序中的注释。
3. 源程序的书写格式。
4. C 语言的风格。

（二）数据类型及其运算
1. C 的数据类型（基本类型，构造类型，指针类型，无值类型）及其定义方法。
2. C 运算符的种类、运算优先级和结合性。
3. 不同类型数据间的转换与运算。
4. C 表达式类型（赋值表达式，算术表达式，关系表达式，逻辑表达式，条件表达式，逗号表达式）和求值规则。二级各科考试的公共基础知识大纲及样题见高等教育出版社出版的《全国计算机等级考试二级教程——公共基础知识（2013 年版）》的附录部分。

（三）基本语句
1. 表达式语句，空语句，复合语句。

2. 输入/输出函数的调用，正确输入数据并正确设计输出格式。

（四）选择结构程序设计

1. 用 if 语句实现选择结构。

2. 用 switch 语句实现多分支选择结构。

3. 选择结构的嵌套。

（五）循环结构程序设计

1. for 循环结构。

2. while 和 do-while 循环结构。

3. continue 语句和 break 语句。

4. 循环的嵌套。

（六）数组的定义和引用

1. 一维数组和二维数组的定义、初始化和数组元素的引用。

2. 字符串与字符数组。

（七）函数

1. 库函数的正确调用。

2. 函数的定义方法。

3. 函数的类型和返回值。

4. 形式参数与实在参数，参数值的传递。

5. 函数的正确调用，嵌套调用，递归调用。

6. 局部变量和全局变量。

7. 变量的存储类别（自动，静态，寄存器，外部），变量的作用域和生存期。

（八）编译预处理

1. 宏定义和调用（不带参数的宏，带参数的宏）。

2. 文件包含治处理。

（九）指针

1. 地址与指针变量的概念，地址运算符与间址运算符。

2. 一维、二维数组和字符串的地址以及指向变量、数组、字符串、函数、结构体的指针变量的定义。通过指针引用以上各类型数据。

3. 用指针作函数参数。

4. 返回地址值的函数。

5. 指针数组，指向指针的指针。

（十）结构体与共同体

1. 用 typedef 说明一个新类型。

2. 结构体和共用体类型数据的定义和成员的引用。

3. 通过结构体构成链表，单向链表的建立，结点数据的输出、删除与插入。

（十一）位运算

1. 位运算符的含义和使用。

2. 简单的位运算。

（十二）文件操作

只要求缓冲文件系统（即高级磁盘 I/O 系统），对非标准缓冲文件系统（即低级磁盘 I/O 系统）

不要求。

1. 文件类型指针（FILE 类型指针）。

2. 文件的打开与关闭（fopen，fclose）。

3. 文件的读写（fputc，fgetc，fputs，fgets，fread，fwrite，fprintf，fscanf 函数的应用），文件的定位（rewind，fscck 函数的应用）。

三、考试方式

上机考试，考试时长 120 分钟，满分 100 分。

四、题型及分值

单项选择题 40 分（含公共基础知识部分 10 分）、操作题 60 分（包括填空题、改错题及编程题）。

五、考试环境

Visual C++6.0。

参考文献

［1］杨路明. C 语言程序设计教程（第三版）. 北京：北京邮电大学出版社，2015.

［2］杨路明. C 语言程序设计上机指导与习题选解（第三版）. 北京：北京邮电大学出版社，2015.

［3］王曙燕. C 语言程序设计教程. 北京：人民邮电出版社. 2014.

［4］安俊秀. C 语言程序设计（第 3 版）. 北京：人民邮电出版社. 2014.

［5］董妍汝，安俊秀. C 语言趣味实验. 北京：人民邮电出版社. 2014.

［6］陈学进，王小林. C 语言程序设计. 北京：人民邮电出版社. 2014.

［7］冯林. C 语言程序设计教程. 北京：高等教育出版社，2015.

［8］贾宗璞，许合利. C 语言程序设计. 北京：人民邮电出版社，2014.

［9］教育部考试中心. 全国计算机等级考试大纲（2016 版）. 北京：高等教育出版社，2016.

［10］谭浩强. C 程序设计（第二版）. 北京：清华大学出版社，2001.

［11］谭浩强. C 程序设计题解与上机指导（第二版）. 北京：清华大学出版社，2001.

［12］李春葆. C 语言与习题解答. 北京：清华大学出版社，2002.

［13］李丽娟. C 程序设计基础教程. 北京：北京邮电大学出版社，2002.

［14］李丽娟. C 程序设计上机指导与习题选解. 北京：北京邮电大学出版社，2002.

［15］教育部考试中心. 全国计算机等级考试大纲（2002 版）. 北京：高等教育出版社，2002.

［16］高福成，潘旭华，李军. C 语言程序设计（二级）（重点与难点、例题解析、上机指导、模拟试题）. 北京：电子工业出版社，2002.